# 施工图识图虚拟教学系统设计研究

杨 平 著

哈尔滨工程大学出版社
Harbin Engineering University Press

## 内容提要

本书共分 7 章,包括绪论、虚拟教学系统理论研究、虚拟教学系统设计的理论基础、施工图识图虚拟教学系统总体设计、施工图识图虚拟教学系统详细设计、施工图识图虚拟教学系统测试与效果评价、结论与展望。

本书提供的施工图识图虚拟教学系统成功发布,为工程识图类课程教师提供了有效的信息化教学资源,也为学生学习施工图识图知识与技能提供更具体的参考对象。

**图书在版编目(CIP)数据**

施工图识图虚拟教学系统设计研究/杨平著 . —哈尔滨:哈尔滨工程大学出版社,2017.3
ISBN 978 - 7 - 5661 - 1482 - 2

Ⅰ.①施… Ⅱ.①杨… Ⅲ.①建筑制图—识图—教学设计—研究 Ⅳ.①TU204.21-4

中国版本图书馆 CIP 数据核字(2017)第 053736 号

---

| | | |
|---|---|---|
| 出版发行 | 哈尔滨工程大学出版社 |
| 社　　址 | 哈尔滨市南岗区东大直街 124 号 |
| 邮　　编 | 150001 |
| 发行电话 | 0451 - 82519328 |
| 传　　真 | 0451 - 82519699 |
| 经　　销 | 新华书店 |
| 印　　刷 | 北京紫瑞利印刷有限公司 |
| 开　　本 | 787×1092　1/16 |
| 印　　张 | 9.5 |
| 字　　数 | 225 千字 |
| 版　　次 | 2017 年 3 月第 1 版 |
| 印　　次 | 2017 年 3 月第 1 次印刷 |
| 定　　价 | 49.80 元 |

http://press. hrbeu. edu. cn
E-mail:heupress@hrbeu. edu. cn

# 前　言

　　土建施工是一项将设计图纸建成实物的复杂工程,施工方法和施工组织的优化主要建立在施工经验上,工程识图类课程是进行建筑施工阶段前的必修课程,其具有很强的实践性和操作性。鉴于时间、地点、人力、物力等多方面因素的限制,实际教学中总不能达到预期的效果,学生的实际操作能力也不太理想。在课程学习过程中,学生不能随时随地去施工场地观摩具体施工过程,也不便在现场进行施工练习操作。施工现场由于环境因素的影响,也给教学活动的开展带来诸多不宜;当建筑物已经修筑到某个程度时更不能观看内部已经形成的结构,所以实践、观摩等教学活动受到限制。如何让学生掌握施工图识读能力是困扰土木工程相关专业教学难点。

　　随着计算机技术、虚拟现实技术的发展,工程施工与设计的过程中开始广泛地应用虚拟现实技术,在施工设计阶段应用虚拟动力学分析:如受力分析和强度分析,模拟吊塔的运动等;实现施工过程场景的漫游;在施工实施阶段对施工具体过程虚拟,工程维修阶段对维修施工虚拟等。施工图识图虚拟教学系统的建立可以通过计算机虚拟一个可控制的,无破坏性,安全性强,并允许多次重复操作的平台,利用虚拟现实技术的 3I 特性(沉浸感、交互性和构想性)造就桌面式全三维工程虚拟环境。它不仅能提高教学效果,更重要的是让缺乏实践和观摩条件的学生不受时间、地点等多方面条件的限制,通过屏幕就能够"身临其境"观摩建筑形成过程,并且通过计算机的虚拟,对施工图识图中不容易理解的知识点有了更具体的认识。

　　本书是在基于自主、探究式学习方式,应用虚拟现实技术,以工程项目为载体,利用主流三维游戏引擎 Unity 3D 开发平台,设计一款通过服务器或现代网络技术嫁接到校园网上的施工图识图虚拟教学系统。学生以第一人称视角体验全三维工程仿真环境,通过工程内部空间结构和周围环境的全方位观察、自主构建工程主体结构的实践操作,巩固施工图识图的知识技能,充分培养学生二维图纸三维化识别能力。应用实际情况证明该系统的学习和训练效果等同于甚至优于在现有真实环境条件中所取得的成效。

　　本书以杨平主持的 2015 年度湖南省教育厅科学研究项目——"施工图识图虚拟教学系统设计研究"的研究报告为基础编写而成。

著　者

# 目　录

# 第1章 绪 论

## 1.1 研究背景

施工图被喻为"工程界的语言",识读工程施工图纸是土木工程专业领域中一项最基本、应用最多的职业能力,施工图识图类课程是土木工程相关专业的必修课程,担负着培养学生空间想象能力、绘制与阅读施工图纸能力等重要任务。由于课程特点、实践操作和见习条件的限制,学生对工程制图基础知识和施工图识图技能依赖理论化方式进行学习,学生接受的内容通常是教材上的文字、符号或教师传授的语言,对于工程结构实体与空间、材料与功能,学生则处于一种模糊的认知状态,在实际教学活动中往往出现以下问题:

(1)教师在图纸上很费力讲解工程结构与构造时,学生受空间想象力和工程经历限制跟不上教师的教学进度。

(2)因工程项目修筑过程中无法观看建筑物内部已形成的结构,工地观摩教学活动不能很好地配合教师教学进度,不利于课程教学的系统开展。

(3)模型、挂图、CAI课件等教辅方式功能较单一、操作交互性不强、实时仿真性差。

(4)学生课下自学能力的培养不力,未构建适用于校园网的平台,学生无法通过上网浏览教学资源、施工图学习操作和在线考核,教师无法在线操作演示和答疑。

因此,在施工图识图类课程教学实践中,众多教师一直在探索更有效的教学方法。如何有效地进行施工图识图类课程教学是值得研究的课题。

为此,本书以辅助施工图识图的教学为目的,将虚拟现实技术应用于教学实践中,深入开展施工图识图虚拟教学系统设计研究,使其具有沉浸感高、实时交互性强、便于网络传输的特点,满足课堂教学和学生自主学习的需要。本书研究成果的运用将方便学生不受时间和空间的限制进行课程学习,帮助学生直观理解抽象的知识技能并在一定程度激发学生学习兴趣,解决学生由于缺乏现场观感、实践操作而学习效率低的问题,促使理论教学向更有效率、更加科学化的方向发展。

## 1.2 已有研究综述

作为一项新技术应用于教育教学领域,虚拟现实技术能为复杂的技能训练、宏观的效果设计、微观的解剖分析、动态的过程仿真等方面带来变革,也能为施工图识图类课程教学方法提供新的思路。基于虚拟现实技术的教学系统与其他的教学系统有着很大的差别，虚拟世界是对现实世界的映射，人沉浸在其中，身体的各个感觉器官都在不同程度上接受着来自教学系统的信息，在这样逼真的教学环境中学习，人各方面的机能得到激发，在构建知识体系和激发学习兴趣等方面会更加有效。目前国内外在虚拟教学系统的理论与实践方面取得很多研究成果，部分高校和学者研制了工程图学课程的虚拟教学系统和虚拟实验系统、建筑施工虚拟教学系统，并已应用于实际教学或培训项目，对教学理念、教学内容、教学手段产生深远的影响，教师的教与学生的学不再受空间、时间的限制。然而，受教育特殊需求和教育软件经济回报率远低于游戏软件等因素影响，虚拟教学系统在场景构建与模型制作的精细度、过程仿真的真实度、虚拟技术与校园网结合、主流三维游戏开发技术的运用、以三维实体模型实时仿真为核心的在线考核等方面有很大提升空间，尤其是针对施工图识图的虚拟教学系统具体的设计与应用尚处于萌芽状态。

## 1.3　研究目标

本书旨在基于自主、探究式学习方式，应用虚拟现实技术，以工程项目为载体，利用主流三维游戏引擎 Unity 3D 开发平台，设计一款通过服务器或现代网络技术嫁接到校园网上的施工图识图虚拟教学系统。学生以第一人称视角体验全三维工程仿真环境，通过工程内部空间结构和周围环境的全方位观察、自主构建工程主体结构的实践操作，巩固施工图识图的知识技能，充分培养学生二维图纸三维化的识别能力。

## 1.4　研究主要内容

（1）对虚拟教学系统应用、发展状况的研究以及虚拟现实技术、相关开发工具的类比分析。

（2）学习者的自主式学习与探究性学习的理论研究和应用于施工图识图虚拟教学系统的相关理论基础研究。

（3）施工图识图虚拟教学系统设计的一般流程和策略研究。基于施工图识图需要的知识和技能系统性分析和筛选；虚拟教学系统设计原则、流程和策略。

（4）施工图识图虚拟教学系统设计的应用与效果评价。

## 1.5　研究方法与步骤

虚拟教学系统通过文献调研总结、虚拟现实和教学理论分析、系统设计和现场测试等途径，分析国内外虚拟教学系统应用情况，开展虚拟现实技术应用于施工图识图的规律和理论、虚拟教学系统设计一般流程和策略、虚拟教学系统应用效果等方面的研究。其研究实施步骤如下：

(1)2015 年 9 月至 2015 年 11 月，对国内外虚拟教学系统应用的研究现状分析，确定施工图识图虚拟教学系统设计可行性。

(2)2015 年 12 月至 2016 年 9 月，通过虚拟现实和教学理论分析，基于施工图识图需要的系统性分析和筛选知识和技能，对虚拟现实技术、相关开发工具进行类比，拟定该虚拟教学系统设计的原则和流程。利用主流三维游戏引擎 Unity 3D 开发平台进行该虚拟教学系统设计。预计发表研究成果论文 1 篇。

(3)2016 年 9 月至 2017 年 4 月，提出施工图识图虚拟教学系统体验版并发布在校园网上，实现分教师、学生、管理员三种角色登录，依托识图类课程教学，进行虚拟教学系统功能测试和教学效果验证工作。

(4)2017 年 4 月至 2017 年 7 月，根据测试数据和师生试用反馈意见，优化施工图识图虚拟教学系统设计的流程和策略。预计发表研究成果论文 1 篇。

(5)2017 年 8 月至 2017 年 9 月，撰写研究报告，申请结题。

# 第 2 章　虚拟教学系统理论研究

## 2.1　虚拟教学系统的内涵分析

虚拟教学系统是在教育信息化大背景下产生的，以虚拟现实技术为基础，借助于多媒体、人机交互等多种计算机技术，构建高度仿真的虚拟学习环境和新型学习方式的技术。虚拟教学系统能够融合网络教学的优势，具有建设速度快，教学成本低等特点。学习者使用虚拟教学系统克服各种客观条件的限制与约束，可以在一个相对更加自由与自主的环境下进行学习。但虚拟教学系统多作为传统教学的辅助，是现有实验室功能与课堂教学的一个重要补充。

虚拟教学系统是建立在虚拟现实技术基础之上的，虚拟教学系统与传统教学系统不同，它通过刺激多种感官，使人沉浸于其中，同时与这个逼真的环境进行交互，从而达到快速学习、真实体验生活和提高能力的目的。系统科学认为，系统结构是系统整体存在的基础，结构的变化导致系统整体性能的变化，系统结构决定系统的功能。因此，从系统科学的角度上来看，虚拟教学系统与传统教学系统相比结构发生了变化，其中虚拟现实技术在虚拟教学系统中起着举足轻重的作用；从系统结构要素之间关系的变化来看，虚拟教学系统要素之间的相互作用和内在联系更紧密、更复杂。因此，虚拟教学系统是较传统教学系统更直接、更高效、更人性化的一种虚拟学习环境和学习方式。其具有以下特点：

(1)经济性。虚拟教学系统的建立可以通过计算机虚拟一个可控制的、无破坏性、安全性强，并允许多次重复操作的平台，利用虚拟现实技术的3I特性(沉浸感、交互性和构想性)造就虚拟学习环境，虚拟教学降低实践教学成本和设备损耗，便于维护和扩充，一定程度上摆脱了安全、材料消耗、设备短缺、没有见习场地等方面的制约。

(2)实践性。充分利用虚拟教学系统开展"低碳绿色环保"教学活动，教师针对教学内容进行示范教学，学生按照教学需求反复观摩或操作。

(3)开放性。虚拟教学系统提供了一种全新的教学空间，让教师的教与学生的学不再受空间、时间的限制。

(4)共享性。虚拟教学系统设计完善网页浏览界面，远程用户可以操作系统提供的数字化学习环境，共享数字化学习资源。

(5)扩展性。虚拟教学系统结构设计满足虚拟教学的软件、硬件及服务功能的扩展性。

(6)透明性。虚拟教学系统的软件、硬件、平台、数据库集成于一个系统，使用统一命令实现功能服务。

(7)趣味性。虚拟教学系统逼真的三维效果和交互功能，可以增强教学的直观性、生动性，激发学生的学习兴趣和主动性。

（8）安全性。教师和学生可以安心地在虚拟教学系统中，反复观摩或操作实训，对实训现象或过程很好地仿真而不用担心发生事故。

虚拟教学系统可以集文字、图形等多媒体资料于一体，为学习者提供一个人机交互且开放式的虚拟学习空间，其虚拟教学特征如下：

（1）学生虚拟化。虚拟教学使不同年龄阶段、不同身份、不同区域的人走进同一堂课进行讨论、学习。学生不是按照智力水平、年龄组织起来的，而是按照个人所需组成的学习团体，进入虚拟教学环境。学生的虚拟化使教学对象复杂化，对虚拟教学的因材施教提出了更高的挑战。

（2）教学资源虚拟化。虚拟教学中的教学资源不是一本书、一个道具、一盘磁带等原始资源，而是虚拟教学资源，如一段虚拟文本内容、一次虚拟实验、一个虚拟课件等，它是有形与无形、有限与无限的结合等。

（3）教师虚拟化。虚拟教师担当"导航"和"解惑"的重任，指导和帮助学生获得所需要的学习资源，防止出现"信息过载"和"资源迷向"；根据网络教学资源回答学生有关的问题并对教学课件、教学方案、教学计划进行补充、修改、重组，进行因材施教，并与其他教师交流合作。

（4）设备虚拟化。利用虚拟仿真技术将价格高昂、高精度设备完成模拟化，通过选用虚拟教学系统的虚拟设备，全方位观察模拟化的真实实验，得到与真实实验相同的体会。

（5）空间虚拟化。利用虚拟现实技术消除时空限制，将结构内部构造和工作状态可视化，虚拟教学系统能全方位观察结构内部空间状况与周边环境，生动展示其形成过程。

（6）环境虚拟化。利用虚拟现实技术构建三维仿真环境，学习者以第一人称视角体验全三维仿真环境，实现人物自主操作、自由行走。

## 2.2　虚拟教学系统的结构与功能

### 2.2.1　虚拟教学系统的结构

虚拟教学系统是一种运用虚拟现实技术与网络技术面向教学过程的网络化计算机教学系统。虚拟教学系统在网络环境下给学习者建立一个逼真的三维学习环境和情景，将计算机处理的数字化教学信息变为人所能感受的具有各种表现形式的多维教学信息辅助教学，通过漫游、协作、考核、信息交流，使学习者主动形成意义建构。虚拟教学系统基本由虚拟仿真软件、虚拟课堂、虚拟实验、虚拟社区、虚拟办公室、虚拟管理区等模块组成。

（1）虚拟仿真软件。在虚拟仿真软件中，学习者可以设定或者选定自己喜欢的虚拟角色，如同三维游戏一样，虚拟仿真软件能让学习者有身临其境的沉浸感，学习者能以第一人称方式在虚拟仿真软件中漫游，积极主动学习。

（2）虚拟课堂。与传统课堂相比，虚拟课堂模块能给学生创建类似真实世界的三维场景，让学生沉浸其中，让课堂教学更加生动、自然。

（3）虚拟实验。虚拟实验有成本低、无危险、功能全、网络化等优点。虚拟实验模块能给学习者提供一种全新的实验方式：在时间上，学习者能随时随地地做实验；在内容上，虚拟实验提供的内容更加丰富；在方式上，虚拟实验的方式更加灵活。

（4）虚拟社区。在校学生缺乏社会生活经验，通过虚拟社区模块给学生创建真实的社会生活场景，如爬山、野外露营、过马路、购物、礼仪活动等。虚拟社区如同一个社会大家庭，学生可以在这里增加生活经验、增长知识、丰富情感体验。

（5）虚拟办公室。这是学习和办公的场所，教师可远程进行虚拟办公或备课，对学生提供答疑和监督管理。学生可到虚拟办公室报名注册、成绩查询、答疑和资料查询等。

（6）虚拟管理区。为初访者提供相关的介绍信息和注册支持与帮助，教学管理部门亦可提供教学管理信息等。

### 2.2.2　虚拟教学系统的功能

虚拟教学系统是为了提高教学的效果和效率孕育而生的，它提供了一种全新的教学空间，学生通过动手操作虚拟教学系统，还能够提高操作的熟练度，从而加深对知识的理解。其具体功能如下：

（1）全方位、多角度呈现方式的虚拟课堂教学。虚拟教学系统可将实物虚拟化、各种人物虚拟化，创建虚拟场景。利用虚拟教学系统，教师可突破传统教科书的限制，使每位学习者都可以根据自身的学习特点，按照适合于自身的方式和速度进行学习；自主控制人机交互和身临其境在虚拟场景中；还可恰如其分地演示一些复杂的、抽象的、不宜直接观察的自然过程和现象，全方位、多角度地展示教学内容。

（2）高效率模拟真实环境下的虚拟实验教学。传统实训模式下，实训场地、实训设备、实训经费、实训安全性等因素影响实训教学进程，实训室不能满足学生在课外进行实践操作和综合性实践实训训练。虚拟教学系统将虚拟现实技术、计算机技术和传统仪器结合起来建立仿真软件，开展"低碳绿色环保安全"实践教学活动，学生逼真、身临其境地反复操作虚拟仪器，与系统交互完成演示型实训或创新性实训，达到现场实训相同的学习效果，有效节约教育成本。

（3）"真实"环境中虚拟远程教育。由于师生之间缺乏类似传统教育中师生面对面的交流和交互，远程教育中的学生缺乏认同感和归属感，学习效率低下。而虚拟教学系统可以给远程教育创造一个"真实"的教育教学环境，虚拟教学系统模拟真实的教学课堂和教学场景，师生可以进行信息交互，学生能最大限度地找到认同感和归属感，从而提高学习效率。

（4）真实世界的虚拟社会。虚拟教学系统是对现实世界的映射，提供三维立体空间场景，学习者沉浸其中，不同程度上体会现实生活中已经发生和将要发生的一些自然过程和经验，从模拟一些危险和不可复制的事件中得到启示，人各方面机能得到激发。

## 2.3　虚拟教学系统在教学中的应用

虚拟教学系统利用虚拟现实技术应用于教学，通过教学模拟完成教学的演示、实验、探索等环节，真正减轻学习者认知负荷和训练操作或控制的实验难度，实现教师教学辅助与学习者自主学习的目的，还可将该系统发布成 Web 版以方便网络访问，实现教育资源的共享化，创建没有"围墙"的课堂。

（1）利用虚拟教学系统，训练学生技能。虚拟现实的沉浸性和交互性，使学生能够在虚拟的学习环境中扮演一个角色，并全身心地投入到该学习环境中去，以符合动作技能类教学目标要求。利用虚拟现实技术建立各种虚拟实验室，如物理、化学、生物、机械、医学、工程等实验室，学生自由反复地进行各种各样的技能训练，如手术仿真、化学仿真、工程施工模拟等各种常规实验或职业技能训练，直至掌握操作技能为止。如学生利用虚拟教学系统做常规实验，先阅读实验指导书的实验说明和操作步骤，然后观察虚拟教学系统中的演示实验，再与模拟实验的多媒体课件进行交互"操作"，控制实验条件，收集实验数据，论证实验原理和规律，写出实验报告，分析实验结果。学生在实验过程中或实验结束后，随时可以由网上教师或计算机智能系统进行跟踪与纠错。对于现实世界中有很多自然现象和物理、化学原理，用常规的实验方法无法实现或成本很高，创设一种全新的虚拟实验环境，制作虚拟实验仪器，在虚拟教学系统进行这些现象和原理模拟验证，短时间内呈现给学生观察，如火山的形成、爆发和生物进化，在虚拟实验室中就可以短时间实现。

（2）利用虚拟教学系统，传授学生知识。知识性学习系统主要用于再现在现实生活中无法观察到，或无法用简单方法再现的事件与过程，以及对知识学习所必需的客观世界环境的模拟，而这些事件与过程是学习知识所需的重要内容。虚拟仿真软件能提供一种全新的人机交互界面，能表现静态或动态的逼真的三维物体模型，能与其他媒体如文本、声音、图像、视频等建立超链接，再现实际生活中无法观察到的自然现象或事物的变化过程，为学生提供生动、逼真的感性学习材料，帮助学生解决学习的知识难点。利用虚拟现实技术，学生开展温室效应、电路设计、建筑设计等方面自主探索学习，对学习过程中所提出的各种假设模型进行虚拟，通过虚拟教学系统便可直观地观察到这一假设所产生的结果或效果，从而研究出二氧化碳对全球气候的影响规律，或设计出新的电路、新的建筑物，有利于激发学生的创造性思维，培养学生的创新能力。

（3）利用虚拟教学系统，开展远程教学。在远程教学中，往往会因为实验设备、实验场地、教学经费等方面的原因，而使一些应该开设的教学实验无法进行。利用虚拟现实系统和网络技术，将虚拟课件的内容存储在代理服务器中，对网络学习者开放，实现学习资源的共享，学习者足不出户便可以做各种各样的实验。例如，通过网络将虚拟课件与虚拟实验室组成一个基于网络的虚拟实验室，从而在网络中建立一个虚拟的实验环境，使远程教育的学习者可以不受地域、时间的限制，通过网络利用浏览器在自己的计算机上完成各种虚拟实验教学任务，获得与真实实验一样的体会，从而丰富感性认识，加深对教学内容的理解。

（4）利用虚拟教学系统，实现辅助教学。将虚拟教学系统架构在互联网上，学生和教师相互讨论学习内容，并将虚拟学习意见反馈给虚拟管理区，以调整虚拟课程的设置和虚拟教学。虚拟教学系统提供在线练习，教师随时浏览或打印学生的 Html 页面形式虚拟作业。虚拟教学系统提供在线试题库，当学生完成测验后，测试者的身份信息、测验详情和测验时间都被记录在数据库，并以网页形式发布在课程考核区内，方便教师和学生查询成绩。

## 2.4　基于 Unity 3D 的虚拟现实系统分析

### 2.4.1　虚拟现实技术概述

虚拟现实技术(virtual reality technology，简称 VR)是在 20 世纪末 21 世纪初才逐渐兴起的一门崭新的信息技术。虚拟现实技术是一门综合性强，适用程度非常高的新兴技术，它综合计算机数字图像处理(digital image-processing)、计算机图形学(computer graphics)、多媒体技术(multimedia technology)、传感与测量技术(sensing and measuring technology)、仿真(the simulation study)与人工智能(artificialintelligence)等多学科于一体。利用虚拟现实技术可以创建一个逼真的具有交互性虚拟三维空间，当人在外界活动或做出相应的操作时，交互式的三维空间会实时地做出准确的反应，使得人们好像置身于现实的世界中一样。虚拟现实技术在教育领域中应用主要分为数字校园、虚拟演示教学与实验、远程教育系统、特殊教育及职业技能培训等，以虚拟演示教学与实验的应用居多，虚拟教学系统的开发也属于该应用的体现，使用虚拟教学系统不仅大大提高教学效果，而且还可节省大量的实验成本。

虚拟现实具有 3 个基本特征：沉浸性、交互性和想象性。沉浸性指的是参与者可以与虚拟环境融为一体，将自己全方位地置身于逼真的虚拟世界中；交互性指的是创建的虚拟环境是开放的，参与者通过计算机、鼠标、特殊设备等与虚拟物体产生交互，与此同时参与者可以通过自身的肢体语言、动作等来观察和操作虚拟世界中的物体等；想象性指的是虚拟现实技术能够生动形象地反映设计者的设计构想，这就反映出虚拟现实技术不仅是一个新媒体技术，同时还是一个应用系统。

虚拟现实技术的物理实现形式就是虚拟现实系统，一个典型的虚拟现实系统主要包括计算机、虚拟环境数据库、虚拟现实应用软件系统、输入设备和输出设备五部分。其中，计算机是虚拟世界的发动机，主要负责虚拟环境的生成、人与虚拟环境自然交互功能的实现；虚拟环境数据库主要存放整个虚拟世界中所有物体及信息，还要注意数据库的格式要求和交互水平；虚拟现实应用软件系统的主要功能是构建虚拟世界中物体的各类模型、生成三维立体、实时管理优化模型、渲染绘制图像等；输入、输出设备是实现人机自然交互的枢纽，常用的输入、输出设备有鼠标、显示器、键盘、传感手套等。按照用户参与方式的不同和沉浸程度的区别，虚拟现实技术可分为桌面虚拟现实系统、沉浸虚拟现实系统、增强虚拟现实系统、分布虚拟现实系统。

(1)桌面虚拟现实系统是用户利用自身的计算机进行仿真实验，将计算机屏幕作为观察窗口，然后借助各种输入设备来实现交互。其成本相对较低，因此桌面虚拟现实系统是大型虚拟现实系统的基础与核心，对技术工作者的实际教学、研发及应用有着很大的促进作用。

(2)沉浸虚拟现实系统是指使用用户借助一些特殊设备(如头盔式的设备等)，能够提供给用户一个全方位的沉浸与交互环境，使用户可以达到完全沉浸的效果。用户在参与的过程中，借助一些设备能够将自己的听觉、视觉、触觉等完全地封闭起来，从而能够提供给用户一个全新的、交互的虚拟空间。

(3)增强虚拟现实系统是虚拟现实技术以后努力发展的方向,它将所构建的虚拟物体与信息等都整合到用户所生活的、能够感知的真实环境中,要达到的效果不仅是虚拟、仿真现实世界,同时也增强了用户对真实世界的感受。

(4)分布虚拟现实系统是指在网络环境下,充分利用分布于各个地方的资源、技术等来共同开发、设计虚拟现实技术的应用服务。分布虚拟现实系统被看作对沉浸虚拟现实系统的一个发展,因为它借助于网络将分布在不同地方的沉浸虚拟现实系统连接起来,从而共同来完成某种成效。

表 2-1 分别从桌面、沉浸、增强、分布虚拟现实系统的沉浸性、交互性、构想性、成本以及技术难度方面进行对比,分析如下:沉浸、增强虚拟现实系统所使用的数据手套、头盔显示器、三维扫描仪等交互设备价格高昂,使很多学校对虚拟现实实训望而却步。桌面虚拟现实系统虽说易于实现、投入成本低,但其沉浸性较差。分布虚拟现实系统具有可网络运行、可进行非线性操作、体积小等特性,被广泛地应用于教育、建筑设计、制造业等领域,它是对沉浸虚拟现实系统的发展,相当于把分布于不同地方的沉浸虚拟现实系统通过网络连接起来,从而实现了资源的合理利用。

表 2-1　桌面、沉浸、增强、分布虚拟现实系统的比较

| 比较项 | 沉浸性 | 交互性 | 构想性 | 成本 | 技术难度 |
|---|---|---|---|---|---|
| 桌面 | 较差 | 居中 | 居中 | 低 | 较小 |
| 沉浸 | 较强 | 居中 | 较强 | 昂贵 | 较大 |
| 增强 | 居中 | 居中 | 较强 | 高 | 居中 |
| 分布 | 较强 | 较强 | 居中 | 高 | 居中 |

综合考虑,分布虚拟现实系统在沉浸性、交互性、构想性、技术难度方面都比较适中。目前分布虚拟现实系统正朝着协同化、智能化的方向发展,主要具有以下特点:

(1)透明性。使用统一操作来实现功能服务,这种透明的结构决定了虚拟教学系统的透明性。

(2)资源共享性。用户可以共享数据、软件、硬件等相关资源,可以减少重复投资,大大节约投资成本。

(3)互动操作性。用户可以实现人机互动、生生互动和师生互动。

(4)可扩展性。由于虚拟教学系统的核心技术是应用软件平台,便于升级换代,具有较强的可扩展性。

(5)安全性。虚拟教学系统通常采用用户鉴别注册、权限验证技术,文献加密技术等手段保证系统的安全性。

比较流行的开发虚拟教学的软件主要有 Virtools、Quest 3D、LabVIEW、Eon 与 U-nity 3D 等。各虚拟现实软件的功能对比如表 2-2 所示。尽管 Virtools、Quest 3D、Lab-VIEW、Eon 都能够开发虚拟仿真实验,但是只能发布成单机版或网页版,而且维护难度极大,应用范围受到极大限制。而 Unity 3D 技术则使用面向对象技术相对简单,能够开发出虚拟教学系统,同时该开发引擎还支持跨平台,Unity 3D 5.0 已支持包括 iOS、Android、PC 及 WebPlay 等 21 种平台。开发者可以任意选择所需要发布的平台，从而实现只需开发一次，就可实现在单机、网页、移动终端及其他平台同时使用的要求。

表 2-2　Unity 3D 与其他虚拟现实软件功能比较

|  | Virtools | Quest 3D | LabVIEW | Eon | Unity 3D |
|---|---|---|---|---|---|
| 互动性 | 较强 | 中 | 中 | 较强 | 强 |
| 跨平台 | N/A | N/A | N/A | N/A | 可跨平台 |
| 画面质量 | 一般 | 一般 | 一般 | 优 | 优 |
| 使用简易性 | 较难 | 简单 | 简单 | 简单 | 简单 |
| 兼容性 | 优 | 差 | 差 | 优 | 优 |
| 3D 音效 | 一般 | N/A | N/A | 优 | 优 |
| 可接受输入格式 | 优 | 一般 | 一般 | 优 | 优 |

### 2.4.2　基于 Unity 3D 的虚拟现实系统

Unity 是一个 3D 开发工具和游戏引擎套件，其中包括了图形、音频、物理、网络等多方面的引擎支持，并且有一个非常强大的编辑器来整合这一切。Unity 使用了 Mono 作为脚本引擎的虚拟机，并以 C♯ 或者一种类似 JavaScript 的语言为脚本语言。Unity 是一款跨平台的游戏开发工具，从一开始就被设计成易于使用的产品。用 Unity 作为虚拟现实开发平台，开发效率高，效果逼真，交互能力强，数据量小。基于 Unity 的虚拟现实系统场景逼真，交互自如，便于网络传输，这就为 VR 技术在教育应用和普及创造了条件，其主要特点如表 2-3 所示。

表 2-3　Unity 平台特点

| 功能 | 详解 |
|---|---|
| 综合编辑 | 通过 Unity 简单的用户界面，可以完成许多复杂工作 |
| 图形动力 | Unity 对 DirectX 和 OpenGL 拥有高度优化的图形渲染管道 |
| 资源导入 | Unity 支持所有主要文件格式，能和许多相关应用程序协同工作 |
| 一键部署 | Unity 可以让作品在多平台呈现 |
| Wii 发布 | Unity 让业界最流行的平台软件更容易开发 |
| iPhone 发布 | Unity 让革命性的 VR 开发降临 |
| 着色器 | Unity 的着色器系统整合了易用性、灵活性和高性能 |
| 地形 | 低端硬件亦可流畅运行广阔茂盛的植被景观 |
| 联网 | 从单人体验到全实时多人协作 |
| 物理特效 | 内置 NVIDIA&reg；PhysX&reg；物理引擎带来全新的互动 |
| 音频和视频 | 实时三维图形混合音频流、视频流 |
| 脚本 | Unity 支持 3 种脚本语言：JavaScript、C♯、Boo |
| 资源服务器 | Unity 资源服务器是一个附加的包括版本控制的产品 |
| 光影 | Unity 提供具有柔和阴影与烘焙 lightmaps 的完善的光影渲染系统 |
| 文档 | Unity 提供逐步的指导、文档和实例方案 |

基于 Unity 的虚拟教学系统有以下优势：

(1)完美的光影效果，能生动表现教学概念，体现建构主义思想。可以逼真再现地理知识、历史事件、自然现象等内容，为学生设置情景，以学生为中心，通过经验获得知识的建构。

(2)相对于过去的 VRML/X3D 来说，Unity 采用组件化设计思想，减轻了复杂的编程工作，便于高效开发；通过 JavaScript、C♯、Boo 脚本设计，可以实现任何智能交互工作，学生可以像在真实世界中一样操纵物体，与教学内容互动；另外，Unity 文件数据量小，可实现网页传输，为三维立体远程教育网站的出现创造了条件。在立体的教学网站中，学生可以从一个场景条移到另一个场景，更加符合真实的思维方式。

(3)支持多人在线协作，实现虚拟学习社区。学生注册后可登录到虚拟社区，通过角色扮演，进行协作学习；支持实时 3D 图形混合音频流、视频流，有利于教学资源的传播，学生可以快速得到多媒体教学资料；支持 iPhone 发布，从而方便移动学习的进行。学生可以随时随地登录虚拟教学系统，寻找资料，发出提问；通过 Unity 连接数据库，实现教学信息查询，实现高效的信息化教学。

基于 Unity 虚拟教学系统制作流程如图 2-1 所示，开发主要分为 4 个步骤：首先要广泛收集教育教学媒体素材包括图片、文字、声音、视频和动画等。收集到的素材不一定合适，这就需要用多媒体软件对素材做进一步的处理，使其符合设计要求；然后对对象进行特征提取，使用 3ds Max 建立三维模型，导出 FBX 格式文件；接着使用 Unity 引擎优化模型、调节动画，编写 C♯脚本实现智能控制。最后对系统进行优化并发布，调试完善并提交。

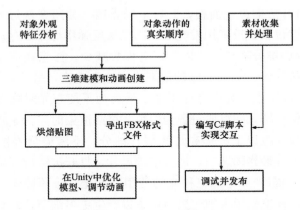

**图 2-1  Unity 开发流程**

### 2.4.3  基于 Unity 3D 的虚拟现实系统开发关键技术

#### 1. 虚拟现实场景制作

基于 Unity 3D 引擎的虚拟现实系统开发，可以仿照游戏开发的流程，对于场景环境的设置可以充分利用 Unity 的资源。若要创建较为复杂的场景、模型或角色，一般利用高效建模的软件进行制作(本项目采用 3ds Max)，然后导出扩展名为 FBX 文件在 Unity 中，通过物理引擎或者程序脚本的方法来创建动画，然而某些比较复杂且不参与实时交互的动画单元也可以利用其他软件进行辅助设计。

为了优化模型和避免后期异常（导入 Unity 后），在 3ds Max 建模时务必注意以下事项：

（1）选用合适的建模方案，时刻注意优化模型片面。建模时首选简单的建模手段，行不通时则考虑使用网格建模。为减少数据量和提高运行效率，在建模过程中一定要有模型优化意识。

（2）消除面重叠。模型的面距离太近或者相互重叠，导入引擎中可能会出现面闪烁现象，应尽可能消除。

（3）可以借助对齐和捕捉工具实现无缝建模。

（4）不用或少用布尔运算。布尔运算使用不当或者用得过于频繁都可能导致模型导入 Unity 后出现面的撕裂现象。

（5）建模结束后，将模型塌陷为网格物体。3ds Max 中一些修改命令在 Unity 中不兼容，需要通过塌陷将模型转化为网格物体，同时也能减少数据量。

（6）将看不见的面删除以减少数据量。

（7）注意单个物体的片面数不要超过 64 k。

在虚拟现实设计中，要求模型几何形态充分接近实物，同时最好能还原模型表面的质感。对于模型的材质制作可分为前期和后期，前期是指在 3ds Max 中布光，调节材质球，烘焙贴图；后期是指在 Unity 中布光，调节材质的 Shader 参数。而前期的布光烘焙可以采取 3ds Max 默认的扫描线方案，当然也可以采取效果更好的 VRay 方案，以后者为例。

（1）渲染设置。打开渲染设置面板，开启全局光照，关闭默认灯光，关闭抗锯齿，设置较小的出图尺寸。建议首次反弹用发光贴图，二次反弹用灯光缓存。当前预置选择 Low 或 Custom，灯光缓存中细分降到 200 以下，进程数减少。注意在渲染测试阶段，可以增加 Adaptive amount 和 Noise threshold 的值来提高渲染速度，另外，将 Render region division 中 X 的值减为 32 可以提高内存使用率。最后为了使布光时降低颜色干扰，可以开启覆盖材质选项，将整个场景的材质设置为白色。最终渲染时，为了提高速度，要关闭覆盖材质，当前预置设为中级以上，提高灯光缓存细分，不渲染最终图，然后保存发光贴图；完成后，关闭不渲染最终图选项，加大渲染尺寸，打开抗锯齿开始渲染。

（2）布置灯光。室内布光要考虑三种光的使用：主光灯、环境光、装饰灯。主光灯是照亮场景的主要光源，环境光用来细化黑白调子以产生更多细节，装饰灯只是装饰，对场景整体不起照明作用。开始布光，先设置场景大的明暗，如果是白天，要用一盏灯来模拟太阳，具体可选用标准平行光或 VRay 灯光。将渲染器中的天空光打开并设置合适的参数。然后在相应的位置添加补光，如背光和窗户光。这样会使场景的光照产生更多细节，以模拟真实的照明。在这一过程中也需要不停地调节测试。接着要创建装饰灯，如射灯、筒灯、灯带等。一般的做法是使用光度学灯光，然后选用合适的光域网文件，模拟物理光照效果，当然前提是场景的单位要与真实世界相符合。

（3）贴图烘焙。如果模型表面无贴图信息或者表面有贴图，但没有平铺设置，可采用 VRay Completemap（烘焙模式）。对于有平铺贴图的模型要用 VRay、Lightmap 烘焙模式，可以节省资源。在用此烘焙文件时，需要注意两点：光贴图烘焙的选项，要选择 VRay-Lightmap，而不能用 lightmap；在渲染的控制面板里，取消选择 Glob-al switches 下的 maps 选项，保证只烘焙光影信息。

（4）动画制作。在设计动画时，首先需要根据项目的需求，结合专业知识和相关经验写出动画脚本，设定动作顺序、节奏和播放帧数。当然，可以在开始时进行实际测试，然后调整脚本。在创建摄像机时，如果选用了带目标点的，那么动画导入 Unity 中需要添加程序脚本来实现摄像机动画正常播放。

（5）模型导出注意事项。在模型和动画制作完毕后，需要导出 FBX 文件，在导出之前需要进行"安检"：

①检查模型法线是否正确。

②检查材质和对象是否规范，是否采用英文或数字命名。

③检查场景模型的组别和层次是否满足需要。

④检查物体片面数，同材质的物体可以进行附加，但不要超过 64 k 个面。

⑤检查各物体的局部坐标朝向，一般情况下需要统一，以防 Unity 中模型位置错乱。

⑥检查各物体的 UV 是否正确：一是对于添加了贴图的物体；二是对于将来再引擎中 Shader 中会加贴图的物体。

"安检"通过后，就可以允许模型导出，这里需要注意导出面板的设置，勾选相应的条目，保证材质、动画和摄像机的正确导出。

**2. Unity 平台制作技术**

（1）场景整合。要把 FBX 文件导入 Unity 中，导入之前先创建工程并进行资源包的组建，然后在 Visual Studio 开发环境中连接资源包，方便 C♯脚本的书写。模型导入 Unity 中后，首先做常规处理，如单位调整、位置设定、层级关系检查等。为了使场景更逼真，可以添加天空盒、背景等，并合理布光。

（2）环境特效的设置。

①天空盒。打开渲染设置，选择 Skybox Material，并设置合适的天空盒贴图。

②体积光。首先确定体积光的光源位置，可以创建一个简单几何体来确定。然后打开 Component 菜单选择 Image Ef-fects，为主摄像机添加 Sun Shafts 组件，并设定 Tag 为 Main Camera。

③光芒。给灯盏添加动态光芒效果，可以使场景气氛更华丽。其方法是在灯光参数面板中设置 Flare，其实是镜头光晕效果，只不过光晕贴图可以绘制成各种风格，以产生动态星芒或光晕特效。

④镜面反射。为了使表面产生实时反射的效果，可以给模型添加镜面反射脚本和相应的 Shader，并将 Tag 设定为 Main Camera，因为这一效果与主摄像机联系紧密。原理就是将主摄像机按 Y 轴镜像复制，然后将该摄像机视野画面按 Y 轴镜像给副本摄像机，再通过图像合成处理算法，表现为镜面反射，并且视角改变就要重新计算，于是呈现出实时反射的效果。由于大量的计算，实时反射对计算机性能要求较高，所以有时可以用假反射取代，如金属和玻璃材质等。

# 第3章 虚拟教学系统设计的理论基础

## 3.1 建构主义理论

建构主义理论是为改变教学模式而提出的学习理论，主要目的是了解发展过程中的各种活动如何引发学习者的自主学习，以及在学习的过程中，教师如何适当地扮演支持者的角色。知识是学习者在一定的情境(社会文化背景)下借助其他人(包括教师和学习伙伴)的帮助，利用一些必要的学习资料，通过意义建构的方式获得，这就是建构主义的基本思想。建构主义理论中的学生是主动的构建者，教师是整个教学过程扮演组织者、指导者、帮助者和起促进作用的人。丰富的情境是知识建构发生的最佳境态(context)，只有在真实世界的情境中才能使学习变得更为有效，学习者才能利用学习到的知识经验去解决现实世界中存在的问题。建构主义理论提倡情境学习，而情境学习则应该是知识应用在实际环境中。

根据建构主义理论的教学观，教学目标应该是培养学生的探究能力和创新能力，教学与学习之间是相互促进、相互协调的循环过程；教学活动安排是最重要的环节，应该在一个丰富而又真实的教学情境中进行，保证学生有足够的自我建构知识的空间，使学生保持在"最近发展区"学习。这就要求教师精心地策划教学活动，虚拟教学系统正好可以解决教学活动中创设教学情境的难题；而教学过程是一个理解和建构相统一的过程，也是一个循环往复、自我反思的互动过程，在教师的指导下，学生主动积极地建构自己对知识的理解和体验过程。

"情境"必须有利于学生对所学知识的意义建构，指的是在建构主义理论创设的真实情境，而多媒体技术与计算机技术的完美结合正好是创设真实情境的最有效工具。"协商"与"交流"应该贯穿整个学习活动过程，师生之间、学生之间使用虚拟教学系统，为超越时空的协作学习创造良好的条件。其实，"协商"与"交流"是一致的，都是过程学习，在"交流"与"协商"过程中，"交流"使双方的想法互相交换，从而使每个学生的想法都能够为学习群体共享。"交流"与"协商"在推进学生的学习进程中具有相当重要的作用。

"意义建构"是情境化学习的最终目标，它要求学生主动去探索学习、主动地去获取知识而不是之前的被动接受。教师和外界环境的作用，仅仅是指导学生及构建所需情境，目标都是为了帮助和促进学生的意义建构。施工图识图虚拟教学系统由于能够利用计算机对声音、图像、文字等多媒体资料进行处理与集成，从而能够提供界面友好、形象直观的交互式学习环境，并能提供多维化、多重感官综合刺激，因而对学生以后自主学习、主动学习习惯的形成非常有利，也是其他单一媒体或其他传统教学环节无法比拟的。

## 3.2 模拟法则

模拟法则主要分为两大类：一类是物理模拟，以模型与生活原型的物理、化学机理相似为基础的模拟方法；一类是数学模拟，以模型与原型在抽象数学规律上相似的模拟方法。

施工图识图虚拟教学系统主要应用物理模拟，即通过建模软件设计与建筑实物原型相似的模型，然后利用分布式虚拟的模型或者模型原型的属性特征间接性地再现建筑实物原型，模拟不易观察或者不能从外部直接观察到内部状态的建筑构造；再现一些稍纵即逝的建筑实物形成过程等。

人类生活在现实的世界当中，直接接触的便是感观世界，感受视觉所看到的一切事物，而这些就是呈现在视网膜上的影像。从这点可以推出虚拟现实具备两重性：其一，从人体感官上讲，虚拟事物是能够感觉到，并真实存在的；其二，相对于现实世界的真实物体来说，虚拟现实模拟的物体不是真实存在的，而是现实物体的一种仿真。

因此，必须遵循虚拟现实技术构造环境的模拟法则，从学习者的感觉视角出发，使学习者如同感受真实世界一样感受虚拟的环境，为学习者与真实世界提供直观、有效的交互，让学习者从空间结构来观察建筑事物本质特点，更好地理解和掌握所获得的知识信息，提高抽象思维能力，巩固知识，为学习者能独立完成施工图识读奠定基础。

## 3.3 沉浸理论

芝加哥大学的 Mihaly Csikszentmihalyi 博士对人在各种多样化的社会活动中的状态进行研究后，于 1975 年在《厌倦与焦虑之外》中首次提出了沉浸理论，国内学者有的翻译成流理论或者流体验理论。沉浸理论所描述的是这样一种状态：人们在某项活动里完全沉浸其中，只关注该活动本身的事物，完全排他，注意力完全集中的状态。Webster、Ghani和 Deshpande，以人机互动对工作的影响进行研究，提出沉浸的两个主要特征：活动中完全专注（concentration）和活动中被引导出来的心理享受（enjoyment）。沉浸理论重点强调学生主体的体验，它是系统设计心理学的支撑点。在整个教学过程，具体到教学系统设计的过程中，如果能有效地应用沉浸理论或者大胆地认为整个系统就是为沉浸其中而设计开发的，那么学生完全专注或者通过学习被引导出来的心理享受都能让学习状态达到最佳。此外，Mihaly Csikszentmihalyi 的研究还表明沉浸体验有助于灵感的产生，这一点对学生创造性能力即施工图识读能力等方面的培养也有更好的体现。

什么样的系统才能算是一款好的辅助教学用的系统呢？研究者对此的说法不一，评判的标准也是种类繁多。笔者通过长时间的调查研究，并结合工作经验，认为好的教学系统应该能使人完全沉浸在其中，只有让学习者切实地融入其中，才能有较高的实用性和真实性。

沉浸感应该是教学系统设计成功与否的重要标志之一。而虚拟现实技术所开发设计的系统之所以能使学习者脱离真实世界，融入虚拟世界，产生强烈的沉浸感。一方面是因为人类都充满幻想，幻想给人们的现实生活带来美好空间，而虚拟环境往往需要借助于这样的幻想把学习者带进虚拟的世界；另一方面每个人在生活和学习中都喜欢扮演各种各样的角色。在实际教学活动中，学生不能随时随地地去建筑工地实习、操作，或者扮演建筑施工技术员的角色，更不可能去经历当设计不合理建筑倒塌，自己又如何处理的情景。因此，还原较为真实的建筑场景、较合理的施工工序和建筑结构才有可能使学生沉浸在整个系统中建构知识内容，实现学习的目标，这样的教学过程才能更有效率。

施工图识图虚拟教学系统设计就是利用虚拟现实技术来有效地创设三维工程场景和建筑实物，让学生在接受知识的过程中，不仅能够很好地参与到教学活动中，还能够模拟现实世界，促进学生对现实世界的联想和求知欲，从而提高学生学习的自发性、主动性。

## 3.4 教学系统设计理论

教学系统设计的最终目的是通过优化教学活动的过程来提高教学的效率，以学习理论、教学理论和传播理论为基础，直接指导教学实践过程，是解决"做什么"和"怎么做"问题的一种理论。把教学作为一个系统化的过程，借鉴迪克与凯里教学设计的系统化方法模型（如图 3-1 所示），它可以指导施工图识图虚拟教学系统的设计。

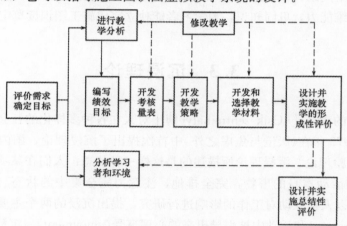

**图 3-1 迪克与凯里教学设计的系统化方法模型**

迪克与凯里教学设计的系统化方法模型是很优秀的并值得借鉴。模型的第一步要求了解学生实际掌握的知识、难以理解的知识或者对教学还有哪些需求，在达成目标后，下一步的目标是什么；第二步确定在教学以前学生应该具有的技能、知识和态度（即入门技能）；第三步分析学生现有的技能、偏好和态度以及教学环境、应用环境，拟定策略；第四步确定要学习的技能、实施技能的条件和成功表现的判断标准；第五、六、七步整合起来，配置好教学需要的材料，其中的教学策略和评价方案应该多与授课教师沟通；第八步开展对系统的评价活动，以一对一评价和现场评价为主；第九步在整理和分析形成性评价所收集的数据来修改教学系统的设计。

随着计算机网络技术快速发展和校园网的迅速普及，虚拟教学系统引入网络技术。施工图识图虚拟教学系统设计可采用三维虚拟现实技术和网络多媒体交互技术，使建筑模型具有实时的交互性，学生通过操作鼠标和键盘，在浏览器中从任意角度操作建筑实物模型，观察三维实景，实现数字化教学资源的共享。基于网络和三维虚拟现实技术的施工图识图虚拟教学系统的系统组成、系统特征和基本思想如表 3-1 所示。

表 3-1　施工图识图虚拟教学系统的系统组成、系统特征和基本思想

| 系统组成 | 系统特征 | 基本思想 |
|---|---|---|
| 现代计算机通信网络 | 交互性 | 以学生为中心，建立在建构主义学习理论基础上，强调学生的自主式学习和探究性学习的教学模式，真正实现集"教""学""练""考"于一身的虚拟教学系统 |
| 虚拟仿真软件 | 学生与教师分离 | |
| 学习资源库 | 学生通过自主活动实现学习 | |
| 考核库 | 学生通过测试检测学习效果 | |
| 数据库 | 教与学的辅助管理 | |
| 学习伙伴网络 | 学生控制学习起始时间、终结时间和进程速度 | |

# 第4章 施工图识图虚拟教学系统总体设计

## 4.1 虚拟教学系统设计的需求分析

### 4.1.1 施工图识图类课程的现实教学系统的现状及缺点

施工图识图类课程的现实教学系统如图 4-1 所示。

(1)教师根据教学目标要求进行备课，在课表规定时间和教室里，通过板书、手势、声音以及利用挂图、实物模型、作图工具等辅助教学设备给学生上课。学生同步接受教师所给的这些信号，并作为一个整体来理解教师的意思。当教师要学生完成某个学

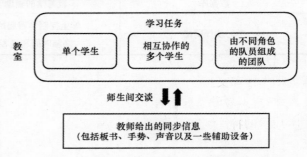

图 4-1 施工图识图类课程的现实教学系统

习任务时，可以是一个学生或相互协作的多个学生完成，也可以是由不同角色的队员组成的团队来完成(如试验或团队项目等情况)。

(2)在教学过程中，教师和学生之间存在动态的交流，如教师提出问题学生回答、学生提出疑问教师解答、教师指导学生完成学习任务等。

(3)传统的教学模式受时间和地点等客观条件限制，过多依赖教材和课堂教学，学生不能根据自己的爱好选择教师和学习内容，无法满足学生课外学习和答疑的需求。

(4)在课程的学习过程中，由于时间、地点、经费、安全、实践、观摩等教学活动受到限制，且建筑物已经修筑到某个程度时也不能观看内部已经形成的结构，实际教学达不到预期效果。

(5)为培养学生在短时间具有三维空间想象能力，使用实物模型、挂图辅助教学，但实物模型和挂图事先定制，缺乏灵活性且不能表达动态过程，实物模型和挂图需要不断更新和改进功能。

(6)PPT、CAI 等课件功能较单一，无法满足课堂教学、学生自学、课后练习、作业批改、学习资料共享等课程教学环节，离多媒体、网络化有一定距离。

施工图识图类课程的众多精品课程，实现了双向平面交互式的远程教学。这些应用虽然通过网络为异地的学生提供了丰富的教学内容，但它们多是通过多媒体课件和文字传输的方法，让学生完成学习过程。在这个过程中，学生不但无法体验到正常教学中那种身临

其境的真实感，而且师生之间、学生之间也缺乏交流和互动，因此难以达到很好的教学效果，而只能作为传统教学模式的一种补充形式。

### 4.1.2　施工图识图虚拟教学系统的性能要求

结合施工图识图类课程现实教学系统特征，并参考网络教学共有特点，设计的施工图识图虚拟教学系统具有以下性能：

（1）虚拟教学系统结构明晰，具有逼真的全三维虚拟教学场景，与真实世界中的建筑事物从感观和属性比例上相一致，符合专业课程教学的内在联系和规律，反映施工图识图类课程知识之间内在的联系和规律。

（2）虚拟教学系统界面设计简洁、方便操作、趣味性强。

（3）在虚拟教学系统中，对教学的语言进行扩展，把虚拟模型、虚拟构件以及各种建筑虚拟形成过程的现象，全部嵌入虚拟教学场景中，作为一种"超文本""超图形"的具体学习对象而存在，用户以第一人称实现虚拟场景漫游和自主操作，形成同客观世界相对应的沉浸体验，使教学模式更直观生动。

（4）在虚拟教学系统中，虚拟建筑事物与学生之间通过鼠标或键盘进行交互，具有较强的操作性和交互性。

（5）虚拟教学系统的教学内容达到职业岗位能力要求，符合学生认知规律，运用虚拟现实技术的特性解决教学中的重点和难点。

（6）利用网络技术在互联网上发布虚拟教学系统，教师或学生可在任何时间和地点访问系统，反复进行课程学习或在线测试。虚拟教学系统中的教育者和学习者，他们拥有不同层次的知识，具有不同的目的，具备不同的身份，扮演着不同的角色。这些差异反映在技术上，使他们拥有不同的系统操作权限。

## 4.2　施工图识图虚拟教学系统的设计思路

以辅助施工图识图类课程教学为目的，切实结合虚拟现实与教学等多方面理论方法，针对土建工程项目特点，引入三维虚拟现实技术和现代网络信息技术，校企共同设计集教学、管理、考核为一体的施工图识图虚拟教学系统，并发布在互联网上，以账户分配方式登录系统，满足课堂教学和学生自主学习的需要，让学生的学习突破时间和地域的限制，解决学生由于缺乏现场感观、实践操作而学习效率低的教学难点，促使理论教学向更有效率、更加科学化的方向发展。施工图识图虚拟教学系统设计思路具体如下：

（1）基于自主、探究式学习方式，采用分布虚拟现实系统，根据土建施工图识图类课程教学和学习条件的分析，应用 Web 平台＋Unity 3D 双重技术架构思路，设计逼真的全三维建筑仿真场景，场景显示方式为 3D 引擎实时渲染，场景尺寸、比例与内部结构严格按照真实工程场景和工程设计图纸制作。网络环境下通过用户较低配置计算机操作实现教学仿真软件应用、教学资源、专业课程题库、教务管理等四大应用功能，系统场景真实、显示效果逼真、画面流畅。

（2）虚拟教学系统引入游戏化学习理念，设计符合学习者要求的游戏化教学环境和学习任务，通过界面学习任务标识和交互界面提示，让学习者像在玩游戏一样操作系统，完成不同的学习任务并得到任务完成反馈，有效控制知识建构的过程。

（3）在虚拟教学系统中，学习者以第一人称体验全三维工程仿真场景，通过建筑空间结构和周围环境的全方位认知、建筑形成过程的动态观摩、自主构建建筑结构的实践操作，体验沉浸式学习乐趣，完成从单体识图到整体识图的教学模式创新。

（4）在虚拟教学系统中，通过鼠标的选择或拖动与三维工程实体模型实时交互，实现平面看图、结构组装与拆分、构件三维旋转与缩放、二维图纸与三维实体的任意切换等功能，形象化认知、观测工程实体结构与内部构造；根据教学需要或施工图通过键盘控制模型参数，组装三维建筑模型并继续漫游，反复实现工程实体模型实时仿真、动态演示建筑形成过程，实现施工图识图实时交互仿真教学手段的创新。

（5）虚拟教学系统充分考虑教与学的需求，以"了解图、看懂图、会画图、应用图"的职业岗位识图能力为目标，依据学习者自主学习过程和知识深化规律，通过"建筑结构整体认识、建筑构件分解认知、建筑图纸信息辨译、建筑图纸识图建模"循序渐进、由浅入深的识图过程，配以典型图库、构件库、施工图库等教学资源，培养学生把二维图纸三维实物化的能力，增加学习者三维空间感，实现进阶式仿真识图教学方式的创新。

（6）虚拟教学系统充分考虑高校数字化校园硬件设施基本性能，通过 Web 服务器和现代网络信息技术嫁接到互联网上，支持多人同时通过较窄带宽互联网以账号登录访问系统网页和在线操作。

# 4.3 施工图识图虚拟教学系统的设计流程

在施工图识图虚拟教学系统设计过程中，教学设计是关键，系统设计是主体，两者相辅相成。施工图识图虚拟教学系统设计过程包括选定教学内容、素材准备、页面设计、脚本编写、Unity 3D 制作、项目集成、测试评价、打包运行、网络架构、实施部署等环节，如图 4-2 所示。

（1）施工图识图虚拟教学系统需要整体规划和前期调研分析，由教育专家、行业企业专家、骨干教师、计算机专业技术人才组成系统设计团队，以职业岗位调查为基础，形成职业能力标准、典型工作任务、行业规范标准；以教育理论为指导，结合 Unity 3D 技术和施工图识图类课程特点，结合系统设计需求调查表的数据，分析学习环境、学习者基础、教学活动、教学方法、学习评价等方面，论证虚拟教学系统设计的可行性。系统设计团队共同制定系统设计需求表。

（2）系统运用教育理念和原理，遵循施工图识图类课程教学与识图知识之间的内在联系和规律，分析施工图识图类课程教学问题，以学生为中心，以知识深化为线索，简化教学要点，明确虚拟教学系统的教学目标、教学内容、学习任务、教学过程，构建教学重点或不容易理解的过程的详细展示方案，学习任务设计满足虚拟学习环境下学生自主学习和探索性学习要求。系统设计团队共同制定系统教学设计表。

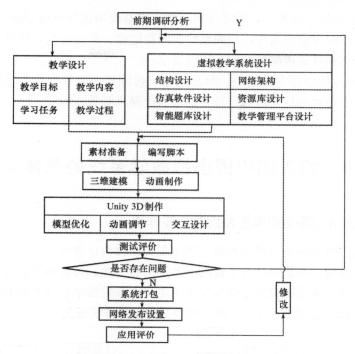

**图 4-2　施工图识图虚拟教学系统的设计流程**

（3）在教学设计同时，规划虚拟教学系统的总体框架，并对系统结构、网络拓扑结构、网络架构方案、仿真软件、资源库、智能题库、教学管理平台进行设计，系统设计团队共同制定系统设计方案。

（4）依照规范，广泛采集施工图纸或图片、图像、声音、文字等素材或现场采集材质纹理贴图，并通过多媒体软件对素材进一步处理，使其符合设计要求。

（5）脚本描述将要给学生呈现的教学内容的细节，是教学内容与教学方法的载体，应当充分考虑教学知识点和学习任务呈现的方式，对系统设计进行总结后编写脚本。

（6）建筑模型和动画是构建虚拟仿真教学系统的基本要素，在制作过程中一定要非常注重模型和动画符合行业规范和学生认知规律。使用 3ds Max 来处理纹理和构建真实场景的三维模型，对需要建立的模型进行特征提取，使用三维软件进行建立相应模型，在第三方软件中实现模型优化并导出 FBX 格式文件。施工图识图虚拟教学系统优化原则是：将看不见或相交的面删除，尽可能通过顶点焊接减少模型的顶点数；尽可能利用 Unity 特有的 Prefab 预置物体属性，提高模型的重复利用率；尽可能地优化材质及压缩贴图。分析知识技能点呈现顺序，设定对象动作顺序、节奏和播放帧数，创建虚拟摄像机制作动画并测试调整效果。

（7）将模型导入 Unity 3D 引擎平台内，在 Unity 3D 中进行模型大小及网格设置、动画的切割及状态机的切换等操作，并编写相关代码实现交互功能，最后对模块进行界面设计和交互设置。从目的性、科学性、交互性、合用性测试系统设计实效，检查虚拟场景和对象是否真实、是否正确运用教学原理、是否解决教学难点、是否支持多种计算机平台和用户界面、是否存在响应延时超过 3 s、是否存在画面失真或声音嘈杂。对于发现问题，重新调整或修改系统设计。

（8）系统经过测试与修改后，若无任何问题，将系统测试版打包后进行网络发布设置，并组织各类用户以账号访问系统，检测系统访问稳定性、响应速度、操作流畅性、用户体验感受、网络带宽和计算机配置的运行环境要求。

（9）根据使用过程中存在的问题，修改系统，再测试，再修改，并最终形成系统，以满足现实最低网络带宽和计算机运行环境的最大化逼真和操作响应。

# 4.4 施工图识图虚拟教学系统的总体规划

### 4.4.1 施工图识图虚拟教学系统的总体框架

根据虚拟现实技术的应用特点和施工图识图类课程教学要求，施工图识图虚拟教学系统采用树状设计模型，其目的是为了提高子系统的独立性、可移植性、交互性以及应用程序的数据传输速度。施工图识图虚拟教学系统主要由系统教学管理平台和系统仿真教学软件等两大模块组成，如图4-3所示。两大模块分别设计并实现集成。

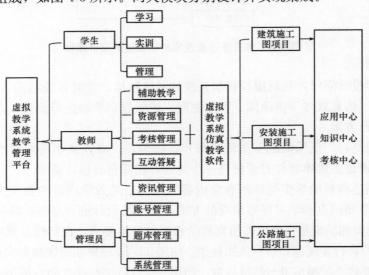

**图4-3 施工图识图虚拟教学系统的总体框架设计**

（1）信息化的统一教学管理平台。系统教学管理平台通过系统的整体设计，包括资源库中心、题库中心、教务管理中心，仿真教学中心等，通过与统一登录认证系统的集成和整合，实现各虚拟仿真软件（当前完成建筑识图虚拟仿真软件、公路识图虚拟仿真软件、安装图虚拟仿真软件，以后会逐步拓展，如接入其他虚拟仿真训练等）的统一单点登录入口；通过统一数据管理系统，集中管理用户数据、资源数据、考试数据等。运用现代网络技术将系统教学管理平台嫁接到数字化校园网，支持教师/学生/管理员三种角色登录访问系统，实现现代的教学管理模式：学生能在宿舍快捷登录系统学习，教师能在办公室、多媒体教室、机房和家里快捷登录系统教学，管理员能运用现代信息手段提供系统管理与维护服务。

(2)以系统教学管理平台为依托，针对建筑、安装、公路等工程项目特点，引入虚拟仿真技术和灵境技术，根据一套典型、完整的房建、公路工程项目施工图纸，建构集教学、管理、考核为一体的建筑、安装、公路等识图虚拟仿真教学软件项目，每个项目分为识图应用中心、识图知识中心、识图考核中心三大内容，包括工地漫游、构造认识、图纸分析和识图建模 4 个应用模块，施工图库、构件库和基础知识库三大知识库，智能化考核库。

①建成教学过程健全的应用中心。完成工地漫游、构造认识、图纸分析和识图建模 4 个应用模块建设，改变以往枯燥的识图教学方法。由浅入深，先通过场景漫游使学生在逐步建立三维空间的任务模式中，对识图产生兴趣；然后通过构造认识、图纸分析对细部构件知识进行学习与掌握；最后通过识图建模，锻炼学生的动手与应用能力，并对知识点掌握情况进行考核。

②建成资料管理完善的知识中心。完成施工图库、构件库和基础知识库三大知识库建设，辅助整个识图教学过程真正达到助训的目的，并预留接口，提供教师方便地管理教学课件等。

③建成智能化的考核中心。完成考核评价模块，对学生的考核成绩进行智能化分析，为教师督训提供帮助。

### 4.4.2　施工图识图虚拟教学系统的流程设计

虚拟教学系统的流程是根据构建主义学习理论设计的，采用教师指导，以学生为中心的教学方法。在施工图识图虚拟教学系统中，学生是知识的主动建构者，教师则是教学过程的组织者、帮助者、指导者和促进者。反映在技术上，课程教学中所有的教学、讨论、实训、测试过程均在全三维仿真场景中完成，教师和学生均以三维化身参与，观摩二维图纸与结构构造、施工工艺相对应的三维立体展示，那些现实教学中无法表现的虚拟环境漫游、内部结构构造认识及建筑形成过程的交互操作，查阅图纸、规范、构件模型、教学录像、教学图片等数字化教学资源，将课堂教学延伸课外在线教学与文字互动交流，所有的一切均随课程教学进度而自然开展。

(1)教师通过虚拟教学系统中的三维场景、3D 动画、教学资源库使用，并实现虚拟教学系统和教学课件相互调用，充实教师识图课程的教学安排和形象化的展示讲解，根据教学需要选择观摩教学、现场教学、案例教学、综合实训、自主测试，实现"教学做"合一。同时，依托系统教学管理平台互动答疑、数据分析功能，实现课外师生教学互动，并通过剖析学生知识弱点，教师能够及时调整教学进度和改进教学设计。

(2)学生通过虚拟教学系统引导与指示，对应图纸学习，漫游在三维的结构空间中，逐步体验二维施工图纸与三维立体模型的动态剖析效果，改变以往要靠空间想象力的读图学习过程，帮助学生建立空间感，让课程教学知识技能点深入浅出地被学生掌握。学生对应图纸实训，细部观摩建筑结构与工艺的局部展示，完成趣味性的技能操作，能够全面掌握识图技能；对应图纸考核，通过游戏、过关斩将式的学习任务操作，系统自动实现操作步骤记录进行任务考评，统计正确率、操作时间、考核分等相关信息，从而实现识图核心能力的教学与考核一体化，提高学生学习效率。

(3)管理员按角色分组后录入各用户注册信息、登录验证，并对各用户所拥有的不同权限进行配置。

施工图识图虚拟教学系统的总体工作流程如图 4-4 所示。

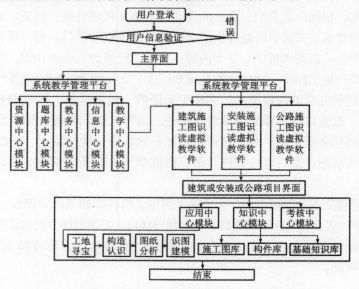

**图 4-4 施工图识图虚拟教学系统的总体工作流程**

### 4.4.3 施工图识图虚拟教学系统的运行环境

施工图识图虚拟教学系统运行环境所需服务器、客户端、网络的最低配置如表 4-1 所示。

**表 4-1 施工图识图虚拟教学系统运行最低配置**

| | |
|---|---|
| 服务器 | 操作系统：兼容 Windows 2000、Windows 2003、Windows 2008 的 Server 版或 Advance Server 版<br>其他支撑软件：无特殊要求<br>CPU：主频 1.6 GB<br>内存：512 MB DDR<br>显卡：显存 256 MB<br>硬盘：160 GB<br>服务器网卡：10/100 MB 自适应网卡<br>软件：JDK1.6.2<br>数据库软件：SQL Server 2000 及以上 |
| 客户端 | 操作系统：Windows XP、Windows 7 或以上版本<br>CPU：主频 1.6 GB<br>内存：512 MB DDR<br>显卡：共享显存 128 MB<br>客户端网卡：10/100 MB 自适应网卡<br>硬盘：20 GB 以上<br>软件：IE6.0 和 JDK1.6.2 |
| 网络 | 网络传输速率：10 Mb/s<br>传输介质：五类双绞线 |

## 4.5　施工图识图虚拟教学系统的结构设计

施工图识图虚拟教学系统的结构图如图 4-5 所示。系统采用三层结构浏览器/服务器（B/S）开发模式，由客户端、Web 服务器和数据库服务器组成。

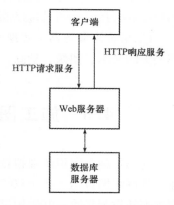

**图 4-5　施工图识图虚拟教学系统的结构图**

浏览器/服务器［B/S(browser/server)］模式是以 Web 技术为基础，以 Web 浏览器代替了普通客户端的应用程序，它主要基于 HTTP 通信协议，结合浏览器的多种脚本语言，大大简化了客户端计算机负荷，减轻了系统维护与升级的成本和工作量，降低了用户的总体成本，是一种全新的软件系统构造技术。采用 B/S 模式主要具有以下优点：

（1）用户只需安装 Web 浏览器，数据的查询、处理和表示都由服务器完成，系统版本的升级及维护也是在 Web 服务器端进行的，使得网络结构更加灵活，同时又节省了客户机的硬盘空间与内存。

（2）对网络应用进行升级时，只需更新服务器端的软件，大大减少了系统维护、升级的成本与工作量。

（3）B/S 模式的客户端只是一个提供友好界面的浏览器，通过鼠标即可访问文本、图像、动画、视频及数据库等信息，用户操作使用简便。

（4）B/S 模式使用的是 Web 技术，因而更适合网上信息的发布，拓展了传统的数据库应用的功能。

（5）B/S 系统效率高，开发周期短，见效快。系统的开发一般分为 Web 页面制作和 Web 应用开发。Web 页面制作比较简单，可以使用工具而无须编程；Web 应用开发采用可视化开发工具和标准组件，减少了开发难度，加快了开发速度。

（6）采用 HTTP 通信协议，系统资源的冗余度小，具备互联网的开放性和扩充性。

整个系统的设计是完全基于网络平台的统一结构，客户端是网络浏览器，通过 HTTP 通信协议与服务器进行交互操作。Web 服务器提供对整个系统的 Web 服务，包括支持网站的运行，在线交互的实现。当 Web 服务器接收到客户端的可视化请求时，它调用相应的可视化 Servlet 程序，并由其从数据库中读取可视化数据，返回给客户端。客户端再以动态三维图形的形式在用户的屏幕上展示这些可视化数据。用户通过使用带有插件的普通浏览器，便可以观赏到三维虚拟现实和多媒体信息。可视化环境由服务器端和客户端共同组成，可以从互联网自动安装用户运行环境，传输控制三维模型代码，在本地快速生成可视化三维图形。

系统三层结构设计模式由客户端、Web 服务器、数据库服务器组成。各层的主要功能描述如下：

（1）客户端：提供友好的用户操作界面，描述网络服务及实训主题，规范用户操作，收集并整理实训数据，实现与网络层之间的交互通信。客户端工具借鉴 P2P 的特点，并综合断线续传、完整性校验等，方便对资源的管理使用。

（2）Web 服务器：向客户提供快速安全的网络连接，使所有客户端的通信都能完备、及时、安全，并具有互操作性；用户的鉴别注册和权限验证技术，数据及重要文献的加密和数字签名技术；通过包过滤的方式禁止不可通过的数据包逆流发送，保护系统安全。

（3）数据库服务器：实现实训数据的分析处理，数据的修改、提取、保存，与虚拟实训相关的文本、图像、动画、视频等资源素材的计算机语言描述等。

# 4.6　施工图识图虚拟教学系统网络拓扑结构

为满足施工图识图虚拟教学系统的稳定运行，同时保障教学的有序开展。网络采用快速以太网组网技术，选用双绞线与交换机构建网络，它连线简单，扩展方便，可以快速实现数据转发与接收，并采用星型网络拓扑结构，可以很方便地检查故障，并且不会因为网络的某一处断线就影响网络的其他部分。

为了满足动态三维图像在客户端的加载，必须平衡网络传输性能、网络管理以及网络负载三者的关系；设立 Web 服务器，提供 Web 服务以及相关网络管理；专门划分开模型服务器和数据库服务器可以有效地平衡网络负载，使静态模型和动态数据分别存取，提高施工图识图虚拟教学系统的运行速度和整体性能。

# 4.7　施工图识图虚拟教学系统架构技术方案

施工图识图虚拟教学系统采用云计算硬件架构和 SOA 面向服务软件架构方式，使系统具有较强的可扩展性和通用性。

## 4.7.1　云计算硬件架构

云计算（cloud computing）是网格计算、分布式计算、并行计算、效用计算、网络存储、虚拟化、负载均衡等传统计算机技术和网络技术发展融合的产物。它旨在通过网络把多个成本相对较低的计算实体整合成一个具有强大计算能力的完美系统，如图 4-6 所示。

（1）所有的资源统一存放在资源中心，并通过云计算管理系统进行统一管理。

（2）管理员和资源提供者，通过统一的接口对资源进行管理和标注。

（3）用户可以通过任意客户端访问，通过统一的身份认证平台进入系统。用户的操作行为和资源存储在服务器端，用户可以在任何位置通过任何设备、通过统一的接口进行操作。

（4）CRUD 统一资源接口。可以针对用户、平台进行统一的 CRUD（创建、读取、更新、删除）操作。系统的各个部分可以进行灵活地扩充和扩展，在不影响系统运行的情况下无缝升级。

（5）资源的格式转换、元数据更新、打包解包等服务由服务器端统一进行。把主要的

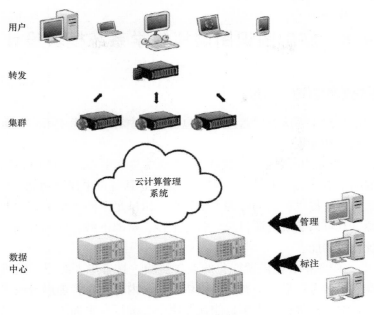

图 4-6　云计算硬件架构

应用服务包装，即避免了资源在服务器、客户端之间的频繁传输，又解决客户端计算能力、存储能力弱的问题。

（6）数据中心资源可灵活做增量备份。

### 4.7.2　SOA 软件架构

SOA（service-oriented architecture）是面向服务的体系结构，是一类分布式系统的体系结构，也是一种通过连接完成特定任务的独立功能实体实现的软件系统架构。SOA 采用面向服务建模技术和 Web 服务技术，实现系统之间的松耦合，实现系统之间的整合与协同。

在基于 SOA 的软件架构系统中，异构平台通过 SOA 方式统一操作接口，按照系统功能进行分解、优化、重构，用 SOA 松耦合的方式对系统进行开发。SOA 架构原理如下：

（1）模块化（modularity）。将软件分解为不同的构件模块，各个模块具有独立功能，可以单独创建，并可运用于不同系统。

（2）封装（encapsulation）。将软件构件的内部机制隐藏起来，只公布所定义的接口，用户只需要知道其接口和功能，不需要知道其内部实现。

（3）松耦合（loose coupling）。软件模块之间依赖程度较低。

（4）关注点分离（separation of concerns）。将复杂的系统分解为多个不同的关注点分别加以考虑和解决。

（5）可组合性（composability）。可根据用户的需要选择不同的软件构件、按照不同方式加以组合。

（6）单一实现（single implementation）。单一的实现通过简单的配置、定制等就可以满足不同需要。

# 4.8 施工图识图虚拟教学系统模块设计

## 4.8.1 系统教学管理平台设计

施工图识图虚拟教学系统教学管理平台包括资源中心、题库中心、教务中心、信息中心、教学中心等核心功能模块。

(1)资源中心。资源中心是各类教学资源的集成共享中心。资源中心配备有完善的教学视频、PPT课件、建筑规范标准等内容。资源中心具备自主建设功能，可以根据实际教学需求增加删减内容；提供灵活的资源类型管理，以满足不同类型的资源及不同角色的用户查看使用资源。其可以实现资源目录、资源上传、资源下载、资源收藏、资源评价、录入笔记和资源统计等功能。

(2)题库中心。题库中心提供智能化的教学测验，具备单人练习、随机答题、自定义答题、多人竞赛等多种考试形式。教师可以依据教学内容，在管理后台设定考试以检验教学成果，为调整教学提供依据。学生也能在题库中心进行自主训练，对自己的专业知识点掌握情况进行巩固。其主要功能：提供单人练习、多人竞赛、考试、题目收藏。

(3)教务中心。教务中心是系统的教务管理和数据分析中心，可以实现对教务信息和教学情况的统筹管理，从而完全掌控教学情况。它通过对资源、课程的管理，实现适合实际的个性化课程内容调整；通过对考试的分析管理，实现教学成果的考察及学生能力弱点状况的收集，为下一阶段教学调整提供决策依据；通过用户角色设置、系统参数运行管理、流程管理，实现系统管理。其主要功能：提供班级管理、教师管理、账户分配、权限管理、成绩统计报表等教务方面的管控。

(4)信息中心。信息中心提供相关新闻公告发布以及师生交流互动平台，具有话题讨论等功能。

(5)教学中心。教学中心提供仿真应用板块功能，保障平台与各种标准化建筑虚拟教学软件的兼容，可悬挂相应建筑课程的教学软件，如施工识图仿真软件、施工工艺仿真教学软件、项目管理仿真软件等。软件只需符合相关参数要求，即可与中国建设职业教育信息化开发平台(院校端)形成技术对接，直接应用到院校的建筑专业教学中。

## 4.8.2 系统仿真教学软件设计

施工图识图虚拟教学系统仿真教学软件包括应用中心、知识中心、考核中心等核心功能模块。

(1)应用中心包括工地寻宝模块、构造认识模块、图纸分析模块及识图建模模块。

①工地寻宝模块：作为识图学习的热身学习模块，具有提升识图学习趣味性、熟悉三维模拟的工地场景和熟悉三维软件操作等功能。工地寻宝模块包括模块说明、任务操作和退出场景功能，通过找到全部的工具箱作为任务完成。每层随机在不同的3个位置出现工具箱，打开工具箱可以获得不同的奖励。奖励物品包括各种制图工具，帮助学生了解各种工具用途的同时，也包括增加模块趣味性的任务道具。

②构造认识模块：作为识图的入门学习模块，构造认识包括模块说明、外瞻模式、实体模式和退出场景功能，根据用户需要选择建筑不同部位的外部结构和内部结构进行认识。

外瞻模式：对建筑模型进行三维旋转和结构拆分，在旋转和拆分后可对各构造节点进行辨识。

实体模式：人物通过地图引导在三维建筑场景中漫游，并对各构造节点进行辨识。

③图纸分析模块：作为识图学习的重点学习模块，通过图纸列表选择图纸进行学习。学习过程包括三维动画演示、图纸查看模式和三维漫游模式。

三维动画演示：图纸选择之后，自动加载和播放三维动画，用以表现当前图纸的形成原理。不同的图纸，其相应的三维动画各不相同。动画具备播放、暂停、进度拖动、时长显示和跳过功能。

图纸查看模式：每张图纸上设置多个不同的学习节点（用不同颜色区分表示），选择节点后自动切换到三维漫游模式，显示节点信息。

三维漫游模式：各楼层设置多个不同的学习节点（颜色设置与图纸上设置相对应），选择节点后自动切换到图纸查看模式，显示节点信息。

图纸具备图纸放大查看和图纸拖动查看的功能。

④识图建模模块：作为识图学习的练习模块，识图建模包括模块说明、任务存档载入和任务关卡选择功能，根据用户需要选择存档继续练习或者重新选择关卡进行练习；通过动手能力将各个构件配置相应的参数，组装三维建筑模型，并在建好的三维模型上，能够继续漫游。

任务关卡：选择已解锁的任务关卡，进入任务场景。

任务场景：包括功能菜单、任务操作、任务提示、任务解锁和三维漫游 5 个部分。

任务存档：显示用户存储过的任务存档记录，通过载入进入保存的任务场景。存档记录包括存档名称、日期、时间、当前楼层、当前进度。

任务进度：显示任务相关的进度，并可跳转到已解锁的进度。

任务解锁：整个识图建模包含多个游戏关卡，每个游戏关卡包含多个数量不等的进度。

(2)知识中心。作为识图学习的辅助学习模块，包括施工图库、构件库和基础知识库 3 部分。施工图库提供用户按图纸分类查询施工图，并结合图纸理解图纸分类定义的功能；构件库提供用户按构件分类查询构件信息，并结合构件理解构件分类定义的功能；基础知识库提供查看识图基础相关的文献资料查看，分制图基本知识、投影知识、图集 3 类。

(3)考核中心。以学生为单位，对训练过程中的操作、答题进行考核统计，自动生成考核成绩单、操作分析报告、答题分析报告，提供学生、教师查询。

# 第5章 施工图识图虚拟教学系统详细设计

## 5.1 系统仿真教学软件详细设计(多层框架)

### 5.1.1 系统识图仿真教学软件的登录

启动教学软件后,在输入框中依次输入用户名和密码,单击"登录"按钮进入系统。如果提示"用户账号或密码错误",则单击"重置"按钮,清空输入框,重新输入正确的用户名和密码(见图5-1)。

图5-1 软件登录界面

### 5.1.2 系统识图仿真教学软件的主界面

软件主界面(见图5-2)主要包含"个人信息""系统设置""功能模块""知识中心"4部分。各部分主要功能及子模块说明如下:

(1)个人信息(个人资料、学习记录);

(2)系统设置(窗口模式、音量、分辨率、显示质量);

(3)功能模块(工地寻宝、构造认识、图纸分析、识图建模);

(4)知识中心(典型建筑、施工图库、构件库、基础知识库)。

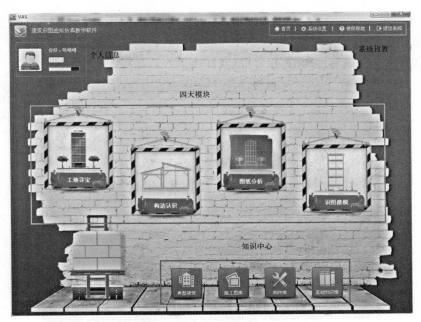

图 5-2　软件主界面

## 5.1.3　系统识图仿真教学软件的系统功能

**1. 个人档案**

单击界面左上角的头像图标，打开个人档案。在个人档案中，可以看到"个人资料"及"学习记录"两部分档案内容，如图 5-3 所示。

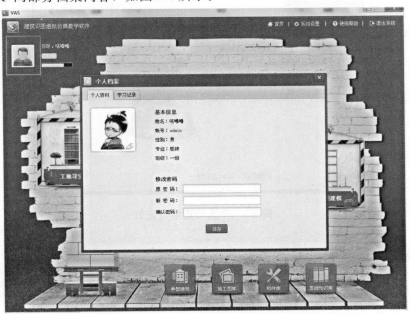

图 5-3　个人档案资料

在"个人资料"选项卡中，可以修改用户账号的密码。为保证系统操作的安全，密码建议设置 6 位以上，并采用字母、数字、字符混排的方式增加密码安全性。

密码修改设定完成后，单击"保存"按钮即可生效，如图 5-4 所示。

图 5-4　个人档案修改密码

在"学习记录"选项卡中，可以查看工地寻宝、识图建模等功能模块的学习成绩和操作记录，帮助学生了解自身对知识点的熟练掌握程度，如图 5-5 所示。

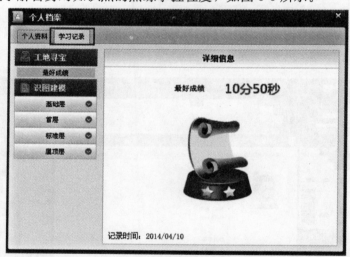

图 5-5　个人档案学习记录

## 2. 系统设置

单击右上角的"系统设置"按钮，可以调整软件窗口模式、音量、分辨率及显示质量等系统设置选项，如图 5-6 所示。

建议设置 1 024×768 以上的显示分辨率，并使用高质量的显示画质。

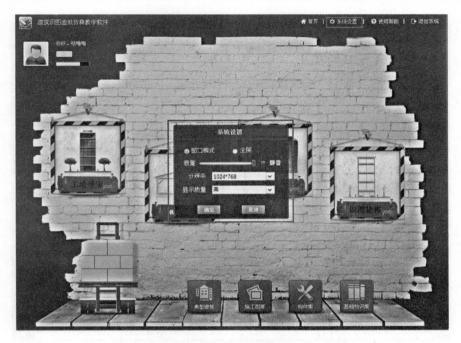

图 5-6　系统设置界面

## 5.1.4　系统识图仿真教学软件的教学模块之工地寻宝

在图 5-7 中单击"工地寻宝"按钮，进入工地寻宝模块，如图 5-8 所示。

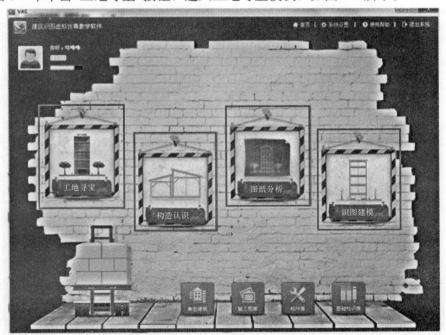

图 5-7　四大教学模块

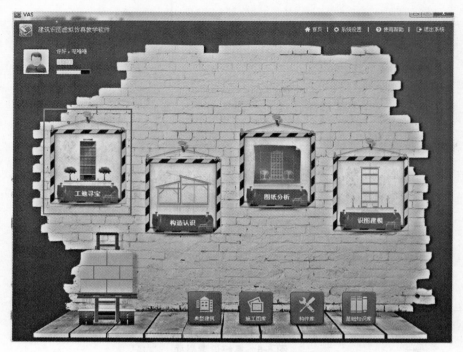

图 5-8　软件主界面之"工地寻宝"

### 1. 工地寻宝模块概述

进入"工地寻宝"引导页后，可以分别查看工地寻宝概述、教学目标及教学要点，如图 5-9 所示。

图 5-9　"工地寻宝"模块引导页

**2. 工地寻宝的操作流程**

单击右上角的"查看流程图"按钮可以直观显示工地寻宝的基本操作流程，如图 5-10 所示。

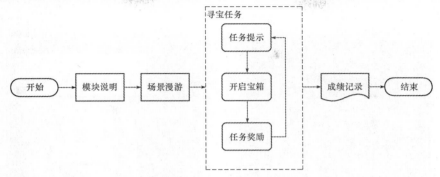

图 5-10　工地寻宝的操作流程

**3. 工地寻宝的场景**

单击"立刻开始"按钮后，进入工地寻宝的三维场景。用户以第三人称的视角观察场景，同时使用键盘的 W、A、S、D 键控制角色行动的方向，如图 5-11 所示。

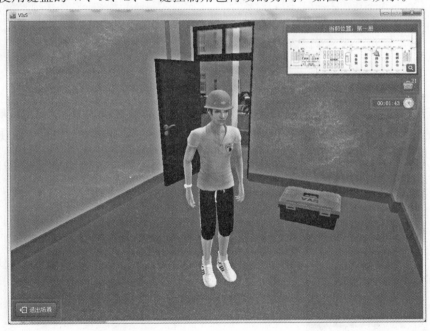

图 5-11　工地寻宝的场景

为了更好地引导用户在三维场景中漫游操作，右上角会有相应的导航地图提示当前角色所在的位置，同时，用户可以单击相关的操作按钮获取任务提示等信息。

单击导航地图栏的 按钮，可以放大导航地图。显示界面的右上角还会提示"还有××个箱子" ，提醒用户目前待完成的寻宝任务数量。任务全部完成后，可以单击右下角的 按钮退出场景，返回软件主界面。

**4. 工地寻宝的寻宝操作**

用户在场景中找到宝箱后，单击寻找到的宝箱，画面会显示拾取宝箱的进度条，如图 5-12 所示。

图 5-12　拾取宝箱

进度条读完之后，系统会出现开箱奖励的弹窗，随机显示得到的"奖励"。"奖励"内容包括识图知识的工具介绍、识图知识的相关技能以及一些"特别"的秘籍奖励，如图 5-13 所示。

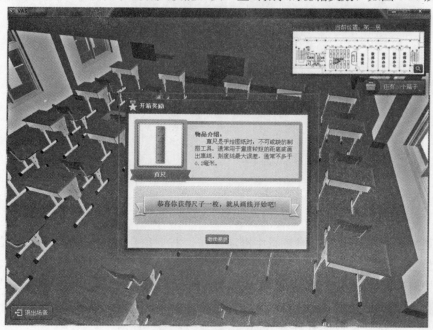

图 5-13　获取开箱奖励

为了方便用户在各个楼层场景中快速切换，系统在每个楼层都设立了"传送带"，可以方便地将用户"传送"到其他楼层，如图 5-14 所示。

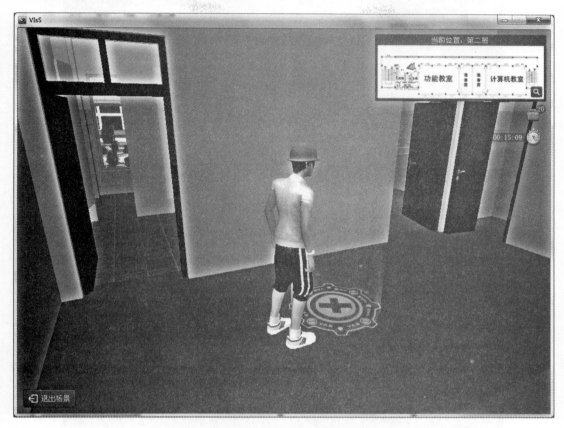

图 5-14　传送带

三维场景中的全部宝箱都打开后，系统会发布任务完成的时间。用户可以在"个人档案"中看到自己在该功能模块中的历次学习时间，如图 5-15 所示。

图 5-15　"工地寻宝"任务耗时

### 5.1.5　系统识图仿真教学软件的教学模块之构造认识

单击"构造认识"按钮，进入构造认识模块，如图 5-16 所示。

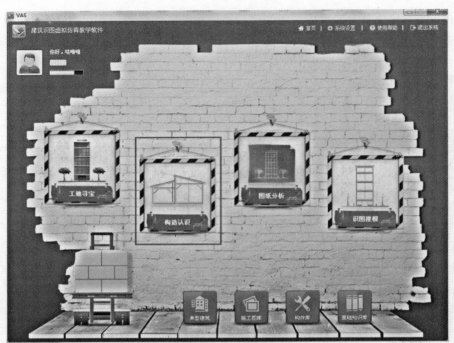

图 5-16　软件主界面之"构造认识"

### 1. 构造认识模块概述

进入"构造认识"引导页后，可以查看构造认识的概述、教学目标、教学要点及操作流程，如图 5-17 所示。

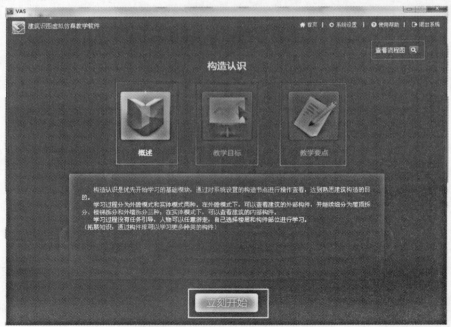

图 5-17　"构造认识"模块引导页

**2. 构造认识的操作流程**

单击右上角的"查看流程图"按钮可以直观显示构造认识的基本操作流程，如图 5-18 所示。

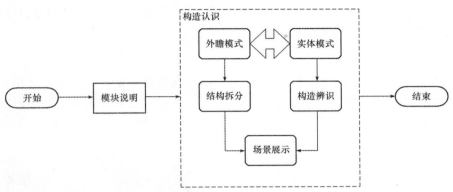

**图 5-18　构造认识的操作流程**

**3. 构造认识的场景**

与"工地寻宝"不同的是，进入"构造认识"后，默认展示万霆教学楼的三维建筑外瞻。为了更加清晰地展示地上主体部分与地下基础部分的建筑形态及结构类型，场景中同时显示地上及地下两个部分的建筑实体构造。用户可使用鼠标的左、右键分别控制三维场景的移动和旋转，鼠标滚轮控制三维场景的缩放，如图 5-19 所示。

**图 5-19　构造认识的场景**

为了方便用户对建筑构件进行充分了解和认识，软件提供了建筑外瞻与内部实体两种场景展示模式。用户可以单击 ⊟ 按钮在两种模式之间切换。在外瞻模式中，为了能让用户更好地了解建筑剖、立面结构等知识信息，软件还提供了结构拆分的功能，针对建筑场景的屋顶、楼梯间、外墙进行拆分。单击 ⟐ ▦ ▦ 按钮可以分别拆分相应部分的建筑结构。单击右下角的 ⟵退出场景 按钮退出场景，返回软件主界面。

**4. 构造认识的外瞻模式**

（1）拆分屋顶。单击"拆分屋顶"按钮，将移除建筑屋顶结构，在三维场景中会显示出建筑的楼层剖面。用户可以使用键盘的 W、A、S、D 键对显示视角做相应的调整（W、S 键控制镜头的推拉动作；A、D 键控制镜头的平移动作），同时配合鼠标的左、右键，灵活展示场景，如图 5-20 所示。

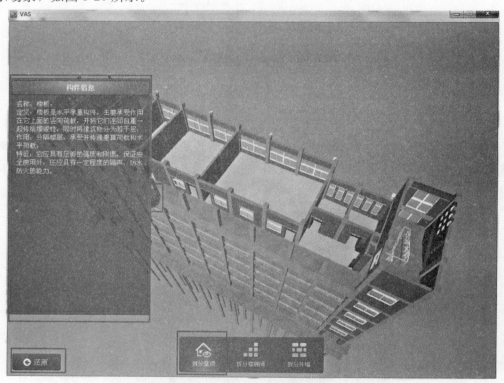

**图 5-20　拆分屋顶**

光标移至建筑场景中各个构件时，软件会高亮显示该构件在整个建筑结构中的位置及布局，单击该构件，软件会弹出浮动信息窗，并对相应构件做详细说明。单击浮窗右侧的 ▦ 按钮，可以隐藏浮窗。单击 ⟳还原 按钮，可恢复到建筑场景的初始效果。

（2）拆分楼梯间。单击"拆分楼梯间"按钮，将移除楼梯间的外墙面，在三维场景中会显示出建筑的楼梯间立面结构，如图 5-21 所示。

与"拆分屋顶"的操作相同，用户可以通过键盘和鼠标的操作，对楼梯间的建筑构造、构件说明等知识点进行交互式的认知。

图 5-21　拆分楼梯间

（3）拆分外墙。单击"拆分外墙"按钮，将移除建筑外墙，在三维场景中会显示出建筑的立面结构，如图 5-22 所示。

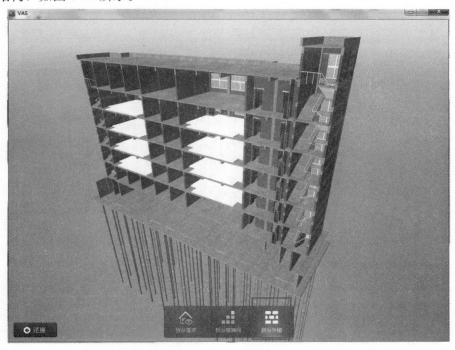

图 5-22　拆分外墙

**5. 构造认识的实体模式**

单击 ⊡ 按钮，切换到内部实体模式，如图 5-23 所示。

图 5-23　实体模式

如果此时正在进行建筑结构的"拆分"，需先单击 ◀还原 按钮，退出拆分预览模式，再切换到内部实体模式，如图 5-24 所示。

图 5-24　退出拆分预览模式

与"工地寻宝"的操作相同，用户可以结合键盘、鼠标的操作，对建筑内部结构进行交互认知。在每个楼层的传送带位置，还可以选择前往哪一层楼层，方便对各楼层结构的认识，如图 5-25 所示。

图 5-25　楼层传送带

## 5.1.6　系统识图仿真教学软件的教学模块之图纸分析

单击"图纸分析"按钮，进入图纸分析模块，如图 5-26 所示。

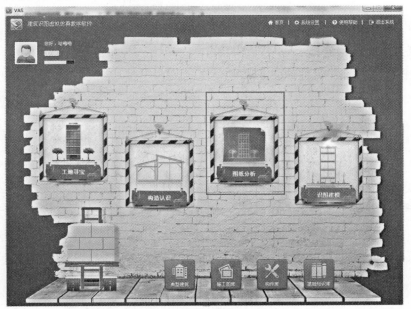

图 5-26　软件主界面之"图纸分析"

**1. 图纸分析模块概述**

进入"图纸分析"引导页后，可以查看图纸分析的概述、教学目标、教学要点及操作流程，如图 5-27 所示。

**图 5-27　"图纸分析"模块引导页**

**2. 图纸分析的操作流程**

图纸分析的基本操作流程如图 5-28 所示。

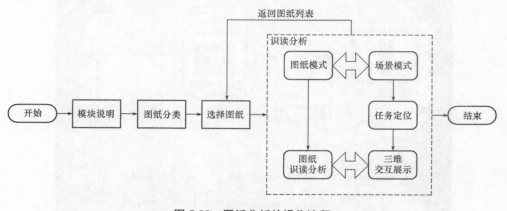

**图 5-28　图纸分析的操作流程**

单击"立刻开始"按钮后，进入图纸分析的"功能引导"界面。软件按照实际施工图纸的分类，将图纸分析模块分成"建筑施工图"和"结构施工图"两个部分，如图 5-29 所示。

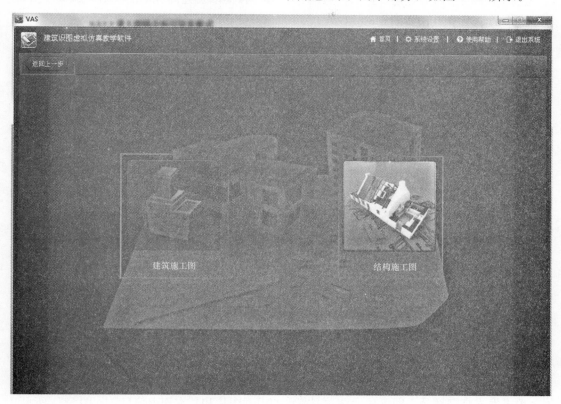

图 5-29　图纸分析的"功能引导"界面

单击 [返回上一步] 按钮即可返回到上一级页面。

以"结构施工图"操作为例，单击"结构施工图"按钮后，进入图纸分析教学列表。

在教学列表中选择不同的图纸名称，右侧自动加载和播放三维动画演示的视频。例如，执行"楼层结构图"→"梁配筋图"命令后，右侧播放梁配筋图的概述及演示动画。

单击播放器下方操作栏的相应按键，可以控制视频的播放、暂停、进度拖动操作，操作栏右侧还会显示视频时长等信息。

**3. 图纸分析的图纸查看模式**

单击 [进入] 按钮，进入图纸查看模式。单击左上角的 [■] 按钮可以在平面图纸模式与三维漫游模式之间切换。

在图纸查看模式中，每张图纸设置了若干个不同难度的学习节点（用不同颜色区分表示），选择相应的学习节点后，自动切换到图纸操作模式，以三维漫游的方式显示学习节点的知识信息。

**4. 图纸分析的图纸操作模式**

选择相应的学习节点后，进入三维场景。软件自动以发光高亮的方式在三维场景中显示图纸中的学习节点，如图 5-30 所示。

图 5-30　学习节点高亮显示

单击发光高亮部分，即可显示该学习节点的模型图片和基本知识信息，如图 5-31 所示。

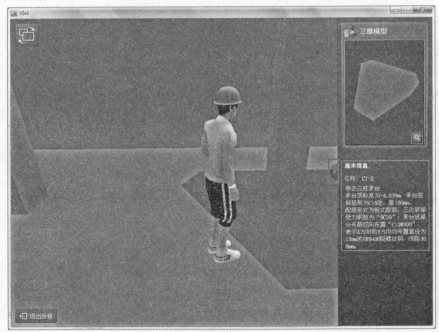

图 5-31　学习节点的知识信息

（1）构件及说明。在浮动信息窗上单击 🔍 按钮，可以查看该节点的三维模型，如图 5-32 所示。

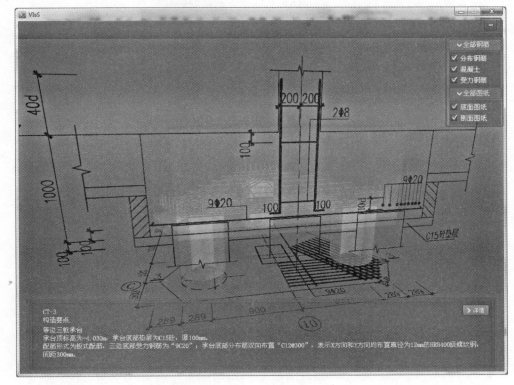

图 5-32　三维模型

在三维模型展示界面中，屏幕下方显示三维构件模型的基本信息说明。用户可以通过键盘、鼠标的交互操作，结合基本信息的文字说明，直观了解该节点的构件信息。

（2）拆分及标注。使用在三维查看界面右上角的"全部钢筋"和"全部图纸"两个下拉复选列表，可以对三维模型进行拆分和组合。将三维模型进行拆分，可以使人更清楚地看到相应构件中的钢筋配置情况及其他隐蔽知识点。同时，在三维场景中，结合二维图纸标注说明，可以更加直观详细地了解构件模型的信息，从而进一步增强施工图纸的识读能力，如图 5-33 所示。

在三维操作视图中，也可以通过键盘、鼠标的操作，交互查看三维标注内容及构件内部钢筋配置情况。在三维操作视图中，单击右上角的 ➖ 按钮，可以返回三维漫游模式。单击浮动信息窗左侧的 ❯ 按钮，向右隐藏节点模型图片和基本信息的浮动信息窗。单击 退出场景 按钮，出现退出场景提示框，单击"退出"按钮后退出三维场景，返回到教学列表界面。

## 5.1.7　系统识图仿真教学软件的教学模块之识图建模

单击"识图建模"按钮，进入识图建模模块，如图 5-34 所示。

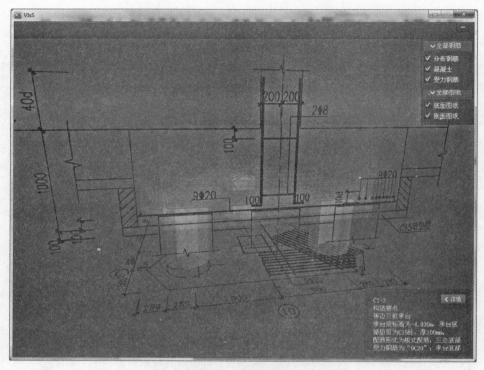

图 5-33　拆分及标注

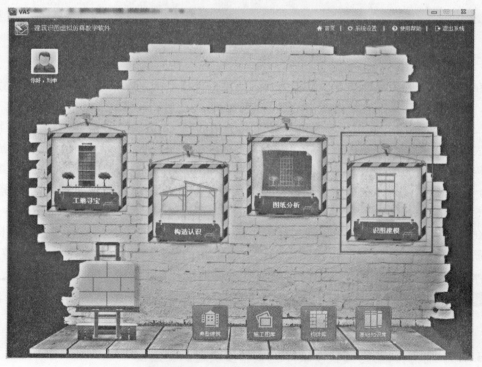

图 5-34　软件主界面之"识图建模"

### 1. 识图建模模块概述

进入"识图建模"引导页后，可以查看识图建模的概述、教学目标、教学要点及操作流程，如图 5-35 所示。

图 5-35　"识图建模"模块引导页

### 2. 识图建模的操作流程

单击右上角的"查看流程图"按钮可以直观显示图纸分析的基本操作流程，如图 5-36 所示。

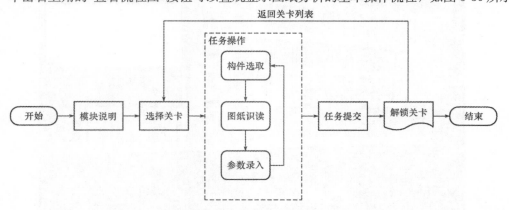

图 5-36　识图建模的操作流程

### 3. 识图建模的任务关卡选择

整个识图建模包含基础层、首层、标准层和屋顶层 4 个楼层关卡，每个楼层关卡包含多个数量不等的进度，如图 5-37 所示。

图 5-37　任务关卡

任务解锁遵循的原则：初始状态下，除了基础层的第一个进度是解锁状态之外，其他的都是锁住状态。当一个进度完成时，自动开启下一个进度。当一个关卡的所有进度都完成时，自动开启下一个楼层关卡。单击 返回 按钮，返回到识图建模的引导页。

**4. 识图建模的进入场景**

单击解锁的楼层关卡后，进入识图建模的模拟工地场景，如图 5-38 所示。

图 5-38　识图建模工地场景

**5. 识图建模的操作介绍**

在工地场景界面，左侧显示任务进度。不同的关卡包含不同的任务。每个任务图标的右下角显示锁的图标，表示该任务的完成情况。对于已经解锁的任务进度，可以单击任务图标后，跳转到相应的已解锁的进度位置。

单击任务进度栏右侧的▷按钮，可以将任务进度进行显示或隐藏。

右上角的导航地图上实时显示当前所在楼层、当前角色的位置。单击地图中的🔍按钮，可对地图进行全屏查看。单击█按钮，退出全屏模式，如图 5-39 所示。

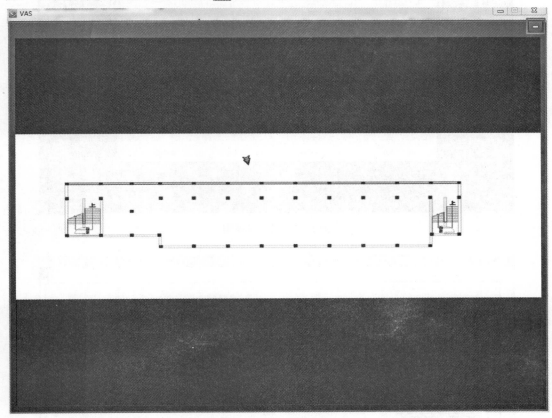

**图 5-39　导航地图**

(1)图纸库弹窗。单击导航地图右侧的▤按钮，弹出图纸库弹窗界面，如图 5-40 所示。

图纸库弹窗包括：①最近打开的图纸、建筑施工图纸及结构施工图纸的缩略图列表。对于所有已经打开过的图纸，均可以通过快捷键的方式快速查看。②对于图纸尺寸超过显示尺寸的图纸(如建筑设计总说明图)，对应图纸将会全屏显示。③用户可以使用鼠标滚动对图纸进行缩放操作，如图 5-41 所示。

单击█按钮，关闭弹窗。

(2)构件选择弹出窗。单击场景中的黄色虚拟箭头操作指示，出现构件选择弹窗，如图 5-42、图 5-43 所示。

图 5-40　图纸库弹窗

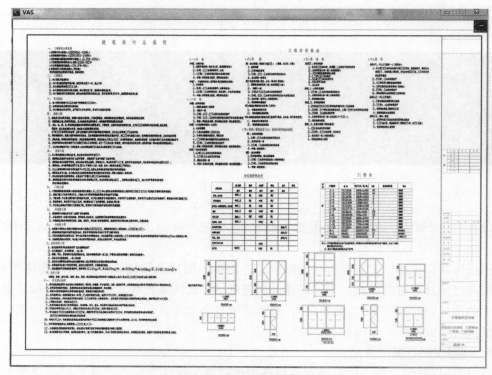

图 5-41　图纸库全屏显示

图 5-42　操作指示箭头

图 5-43　构件选择

　　弹出构件选择框后，根据屏幕左下角提示框的文字提示，在构件环中进行选择。如选择错误，系统会显示错误提示框，如图 5-44 所示。

图 5-44　构件选择错误

选择正确后，会出现构件参数的输入框，通过查阅相应的图纸资料，正确填写相应的构件参数。全部输入完成后，单击"确定"按钮，如图 5-45 所示。

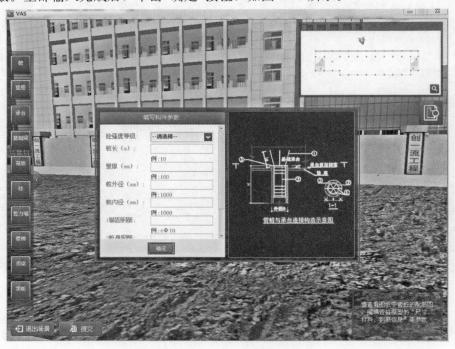

图 5-45　构件参数录入

单击 提交 按钮，弹出提交提示框。

单击 取消 按钮，取消提交；单击 确定 按钮，确定提交，如图 5-46 所示。

图 5-46　提交任务

完成任意一个任务关卡后，系统会提示该关卡所得总分及消耗时间。分数计算方法按 10 分/空格计，最终以百分制进行折算。单击 × 按钮，关闭提示，如图 5-47 所示。

图 5-47　任务成绩

单击 退出场景 按钮，弹出退出提示框。

单击 取消 按钮，取消提交；单击 确定 按钮，确定提交，如图 5-48 所示。

图 5-48　退出场景

## 5.1.8　系统识图仿真教学软件的知识中心

知识中心分为典型建筑、施工图库、构件库和基础知识库 4 个子模块，如图 5-49 所示。

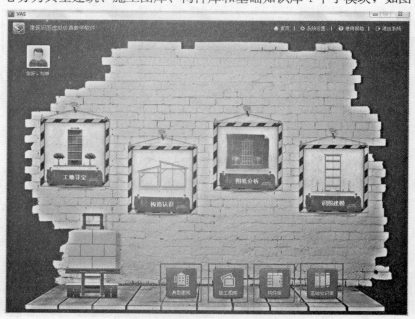

图 5-49　知识中心

**1. 典型建筑**

典型建筑主要提供按建筑分类的各种具有典型性和代表性的建筑图库，并结合图片及文字介绍，用于理解建筑分类定义的功能和应用范围，如图 5-50、图 5-51 所示。

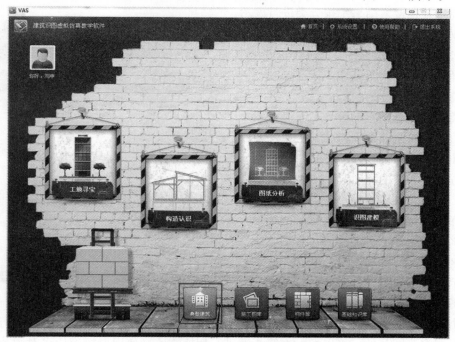

**图 5-50　软件主界面之"典型建筑"**

**图 5-51　典型建筑**

为了更方便快捷地在知识中心的各个模块中进行学习，知识中心的各个模块均提供了快捷操作栏，可以直接选择查看进入知识中心的任意一个模块。同时，在右侧的搜索框中，可以根据搜索关键字，模糊匹配典型建筑、施工图库、构件库和基础知识库中相关资源的名称，并在搜索结果中按分类进行展示。

　　进入"典型建筑"模块，在左侧分类查询下拉框中，可以选择不同的分类条件进行检索查询，如结构类型、用途分类等。选择相应的分类条件后，在右侧的类别栏中会列出详细的类别名称，并在下方显示相应的显示结果说明，对相关知识点做进一步的详细介绍。单击相应的类别名称后，在下方的结果展示区域中会以缩略图的形式显示相应的典型建筑图集，如图 5-52 所示。

图 5-52　典型建筑功能介绍

　　单击结果展示区域中的某一建筑图册，即可对该典型建筑图册的全部图片进行全屏浏览。如果有多张图片的，可以按左右箭头键进行切换浏览。使用鼠标滚轮可对图片进行缩放操作。

　　单击右上角的██按钮，退出全屏，如图 5-53 所示。

图 5-53　典型建筑图册浏览

**2. 施工图库**

施工图库主要管理和展示工程项目的施工图纸，包括建筑施工图、结构施工图等，同时提供按图纸分类查询施工图，并结合图纸理解图纸分类定义的功能，如图 5-54 和图 5-55 所示。

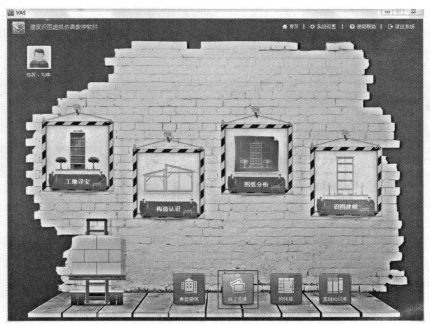

图 5-54　软件主界面之"施工图库"

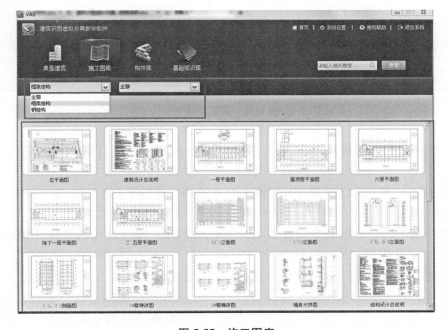

图 5-55　施工图库

常见的建筑物结构类型主要包括砖混结构、框架结构、框架剪力墙结构、钢结构等。为了更好地了解各种结构类型的区别，掌握各种建筑施工图纸的组成，软件按照常见的结构类型，分别提供了整套完整的施工图纸，包括建筑施工图、结构施工图、给排水施工图、采暖通风施工图及电气施工图等专业图纸。

在图纸分类多级下拉框中，第一级下拉框选择结构类型，第二级下拉框选择图纸类型。选中相应的图纸类型后，在下方的结果展示区域中会以缩略图的形式显示相应的施工图纸，如图 5-56 所示。

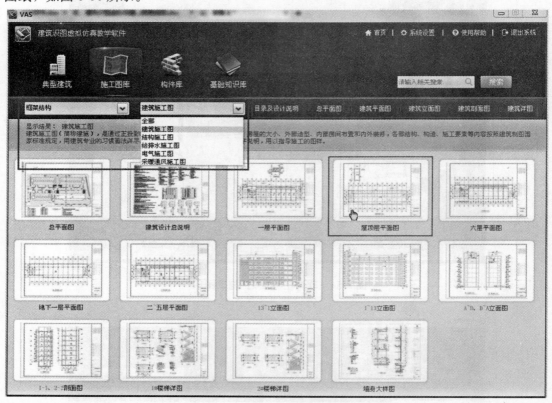

图 5-56　图纸缩略图

为了更好地管理和查阅各类施工图纸，软件中按照图纸目录将其进行分类排列。其中：

（1）建筑施工图分为目录及设计说明、总平面图、建筑平面图、建筑立面图、建筑剖面图、建筑详图。

（2）结构施工图分为目录及设计说明、基础结构图、楼层结构布置图、楼梯结构图、构件详图。

（3）给排水施工图分为目录及设计说明、主要材料设备表、平面布置图、系统图、详图。

（4）采暖通风施工图分为目录及设计说明、主要材料设备表、系统图、平面布置图、详图。

(5)电气施工图分为目录及设计说明、主要材料设备表、系统图、平面布置图、详图。

若要对某一施工图纸进行详细查阅，在结果展示区域中单击相应的缩略图即可出现该图纸的全屏大图，利用鼠标滚轮可对图纸进行缩放操作。单击右上角的 ▧ 按钮，退出全屏，如图 5-57 所示。

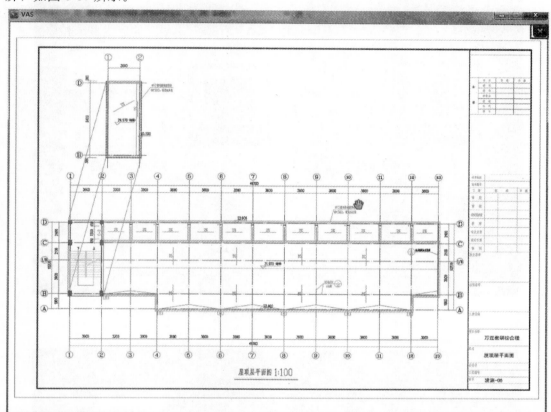

图 5-57　全屏浏览

### 3. 构件库

构件库主要展示各类建筑结构构件的三维模型，同时提供用户按构件分类查询构件信息，并结合构件促进用户理解构件分类定义的功能，如图 5-58 和图 5-59 所示。

构件库中提供了 8 种常见建筑构件(基础、柱、梁、板、墙、楼梯、门窗、零星构件)的三维模型进行展示。每种构件的展示包括构件的外观形状和内部钢筋布置情况，同时在三维模型上精确还原对应的二维图纸及其标注信息，如图 5-60 所示。

在构件类别栏中，可以按照构件类别进行查询，单击不同的构件类别，在显示结果栏中，显示相关构件的定义描述和构件信息，并在结果展示区域中显示构件缩略图。

例如，在构件类别中单击"柱"按钮，显示结果中就出现了关于柱的定义描述和构件信息。在结果展示区域中单击"框架柱"的缩略图，即可进一步查看构件详情，包括三维构件动画、三维旋转、详细信息和图纸查看等，如图 5-61 所示。

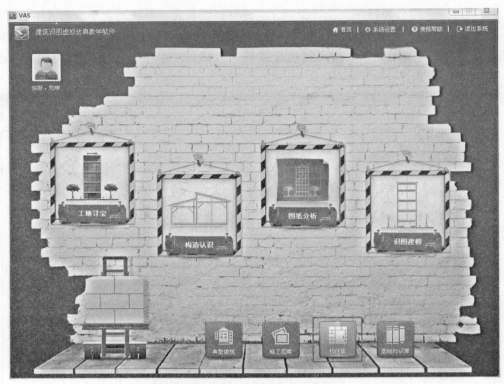

图 5-58　软件主界面之"构件库"

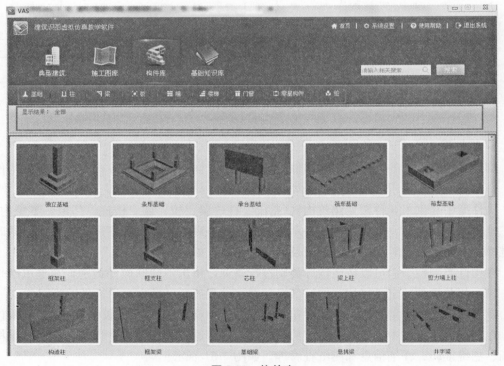

图 5-59　构件库

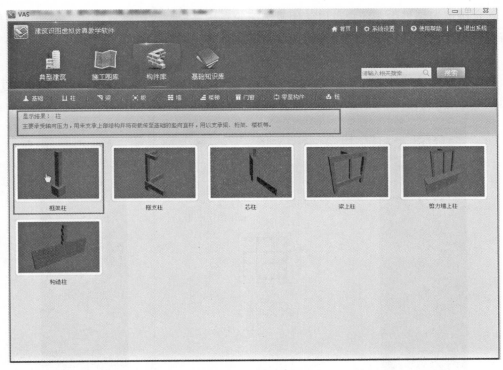

图 5-60　构件类别

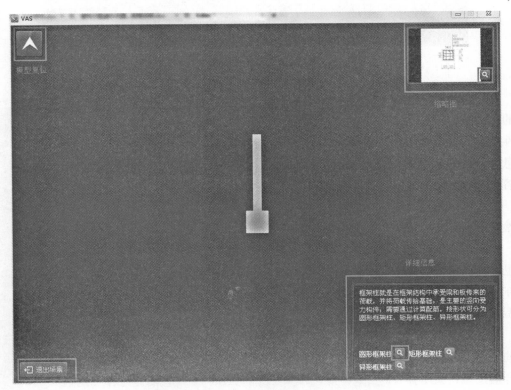

图 5-61　构件三维展示

在三维展示场景中，用户可以使用鼠标滚轮对构件模型进行缩放操作，操作鼠标左键进行构件模型的移动，右键进行模型的旋转操作。

单击左上角的 ∧ 按钮，可以对移动后的模型进行复位。

右上角呈现该构件对应的图纸缩略图。单击缩略图中的 🔍 按钮，可以全屏放大该构件的图纸并查看图纸的详细信息。单击 − 按钮，退出全屏（见图5-62）。

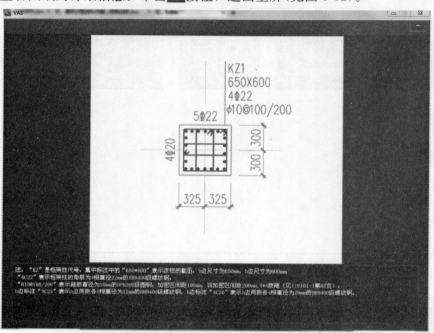

图 5-62　构件图纸放大

右下角呈现该构件的详细信息，包含构件的定义、分类等信息。若详细信息的内容多会出现滚动条。用户可以使用鼠标滚轮进行滚动阅读。如果在详细信息中包含具体构件模型名称，可以单击构件模型名称后的 🔍 按钮，会出现关于该构件的拓展信息弹窗。单击 ✕ 按钮，关闭弹窗，如图5-63所示。

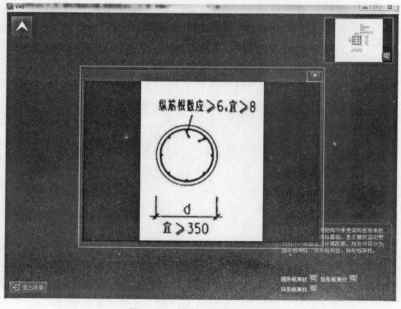

图 5-63　构件拓展信息弹窗

单击 退出场景 按钮，返回到构件库界面。

### 4. 基础知识库

基础知识库展示相关建筑知识。

# 5.2　系统仿真教学软件详细设计（高层框架）

## 5.2.1　软件登录

软件登录界面如图 5-64 所示。

图 5-64　软件登录界面

在输入框中依次输入用户名和密码，单击"登录"按钮进入系统。如果提示"用户账号或密码错误"，则单击"重置"按钮，清空输入框，重新输入正确的用户名和密码。

## 5.2.2　软件界面

软件界面主要包含"系统设置""应用中心""知识中心"3 个部分。其中，应用中心的各个模块作为建筑识图课程的主要教学模块，知识中心的各个模块作为辅助教学模块，是对课程教学的知识补充和拓展（见图 5-65）。

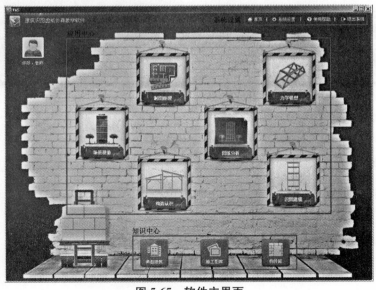

图 5-65　软件主界面

各部分主要功能及子模块说明如下：

(1)系统设置(窗口模式、音量、分辨率、显示质量)。

(2)功能模块(制图原理、力学模型、场景漫游、构造认识、图纸分析、识图建模)

(3)知识中心(典型建筑、施工图库、构件库)。

### 5.2.3 系统功能

单击右上角的"系统设置"图标，可以调整软件窗口模式、音量、分辨率及显示质量等系统设置选项，如图 5-66 所示。建议设置 1 024×768 以上的显示分辨率，并使用高质量的显示画质。

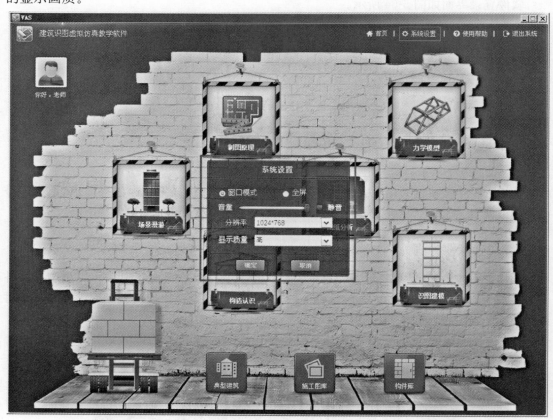

图 5-66 系统设置界面

### 5.2.4 教学模块

六大教学模块如图 5-67 所示。

**1. 制图原理**

单击"制图原理"按钮，进入制图原理模块，如图 5-68 所示。

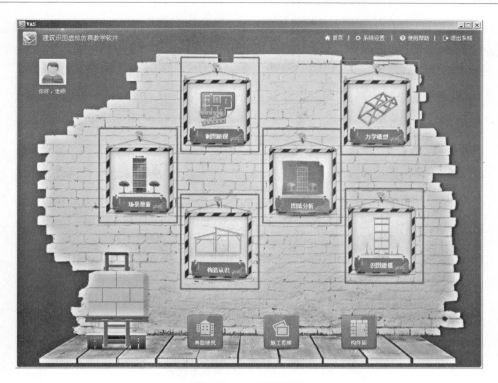

图 5-67　六大教学模块

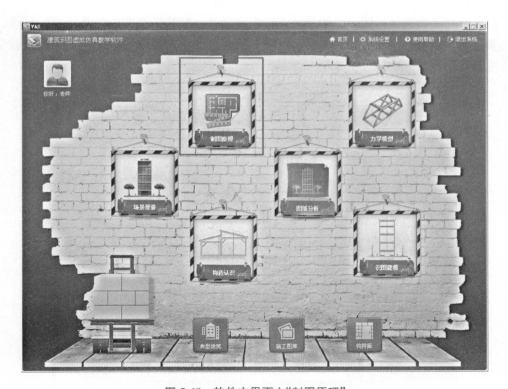

图 5-68　软件主界面之"制图原理"

（1）模块概述。进入"制图原理"引导页后，可以查看构造认识的概述、教学目标、教学要点及操作流程，如图 5-69 所示。

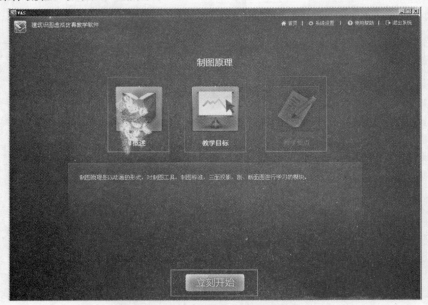

图 5-69 "制图原理"模块引导页

（2）操作介绍。单击"立刻开始"按钮，进入制图原理教学列表。

在教学列表中选择不同的教学章节，在列表目录会展开该章节内的教学视频目录。单击视频目录，在右侧播放区域内将显示该视频的名称。单击播放▶按钮，开始播放教学演示的视频动画，如图 5-70 所示。

图 5-70 制图原理教学列表

单击播放器下方操作栏的相应按钮，可以控制视频的播放 ▶、暂停 ■、全屏播放 ⬚ 等操作，操作栏右侧还会显示视频时长等信息，如图 5-71 所示。

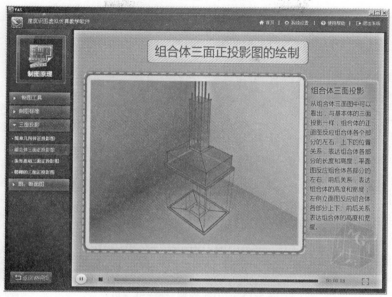

图 5-71　组合体三面正投影图的绘制

制图原理模块根据教学章节，主要分为制图工具、制图标准、三面视图、剖面图、断面图等教学章节共计 17 个教学视频。每个视频均包含实例展示、知识概述、知识分解等内容。

单击左下角 返回视频页 按钮，回到模块的引导页面。

**2. 力学模型**

单击"力学模型"按钮，进入力学模型模块，如图 5-72 所示。

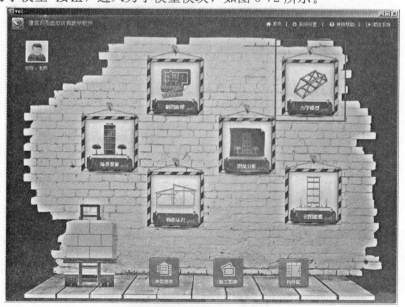

图 5-72　软件主界面之"力学模型"

(1)模块概述。进入"力学模型"引导页后，可以查看"力学模型"的概述、教学目标、教学要点及操作流程，如图 5-73 所示。

图 5-73　"力学模型"模块引导页

(2)操作介绍。单击"立刻开始"按钮，进入力学模型教学列表。

在教学列表中选择不同的教学章节，在列表目录会展开该章节内的教学视频目录。单击视频目录，在右侧播放区域内将显示该视频的名称。单击播放▷按钮，开始播放教学演示的视频动画。单击播放器下方操作栏的相应按钮，可以控制视频的播放▷、暂停■、全屏播放 等操作，操作栏右侧还会显示视频时长等信息，如图 5-74 所示。

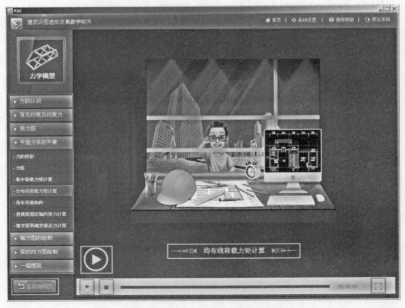

图 5-74　力学模型教学列表

　　力学模型模块根据教学章节，主要分为力的认识、常见约束及约束力、受力图、平面力系的平衡、轴力图的绘制、梁的内力图绘制、一榀框架等教学章节共计 27 个教学视频。每个视频均包含实例展示、知识概述、知识分解等内容。

　　其中，针对重点、难点，在视频动画的播放过程中，增加典型例题与动画解析的知识精讲。用户可以结合例题选项，学习不同情况的知识应用，如图 5-75 所示。

图 5-75　力学模型动画解析

单击左下角 [返回说明页] 按钮，返回到模块概述的引导页。

### 3. 场景漫游

单击"场景漫游"按钮，进入场景漫游模块，如图 5-76 所示。

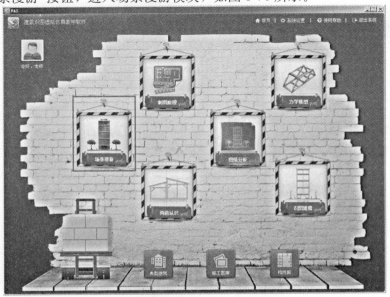

图 5-76　软件主界面之"场景漫游"

(1)模块概述。进入"场景漫游"引导页后，可以分别查看场景漫游的概述、教学目标及教学要点，如图 5-77 所示。

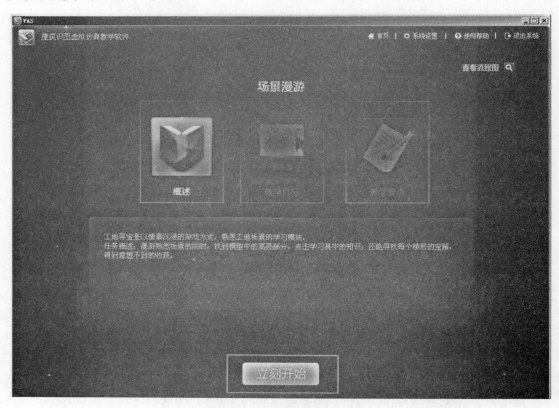

图 5-77 "场景漫游"模块引导页

(2)操作流程。单击右上角的"查看流程图"按钮，可以直观显示场景漫游的基本操作流程，如图 5-78 所示。

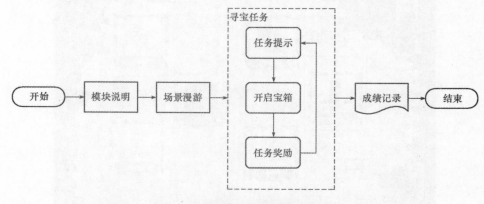

图 5-78 场景漫游的操作流程图

（3）进入场景。单击"立刻开始"按钮后，进入场景漫游的三维场景。用户以第三人称的视角观察场景，同时使用键盘的 W、A、S、D 键控制角色行动的方向，如图 5-79 所示。

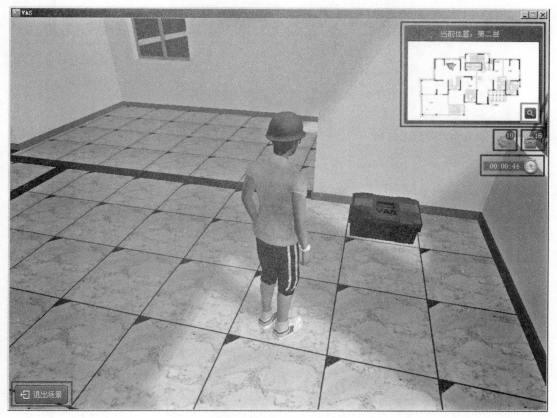

图 5-79　场景漫游场景

（4）操作介绍。为了更好地引导用户在三维场景中漫游操作，右上角会有相应的导航地图提示当前角色所在的位置，同时，用户可以单击相关的操作按钮获取任务提示等信息。

单击导航地图栏的 按钮，可以放大导航地图。

用户根据显示界面的右上角的任务提示图标（包括构件认知任务 和开启宝箱任务 ），提醒用户目前待完成的寻宝任务数量。

任务全部完成后，可以单击右下角的 按钮退出场景，返回软件主界面。

（5）寻宝操作。用户在场景中找到宝箱后，单击寻找到的宝箱，画面会显示拾取宝箱的进度条，如图 5-80 所示。

进度条读完之后，系统会出现开箱奖励的弹窗，随机显示得到的"奖励"。"奖励"内容包括识图知识的工具介绍，识图知识的相关技能，以及一些"特别"的秘籍奖励，如图 5-81 所示。

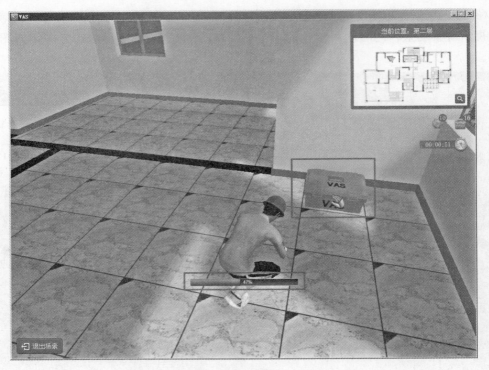

图 5-80 拾取宝箱

图 5-81 获取开箱奖励

在场景漫游中，除了知识宝箱任务之外，还有构件认知的任务。用户在场景中观察到高亮闪烁的构件，单击该构件，系统会出现构件认知的弹窗，显示该构件的知识描述，如图 5-82 所示。

图 5-82　构件认知任务

为了方便用户在各个楼层场景中快速切换，系统在每个楼层都设立了"传送带"，可以方便地将用户"传送"到其他楼层，如图 5-83 所示。

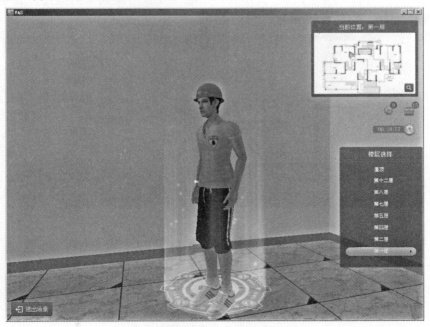

图 5-83　传送带

三维场景中的全部宝箱都打开后，系统会发布任务完成的时间。用户可以在"个人档案"或系统平台的"我的成绩"中看到自己在该功能模块中的历次学习时间。用户可以根据自测成绩，了解自身的知识掌握程度。

**4. 构造认识**

单击"构造认识"按钮，进入构造认识模块，如图 5-84 所示。

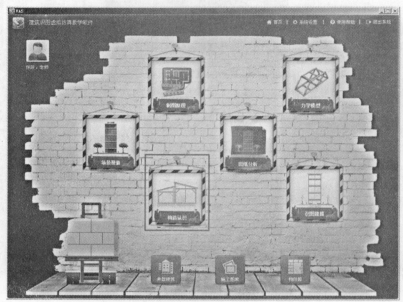

图 5-84    软件主界面之"构造认识"

（1）模块概述。进入"构造认识"引导页后，可以查看构造认识的概述、教学目标、教学要点及操作流程，如图 5-85 所示。

图 5-85    "构造认识"模块引导页

(2)操作流程。单击右上角的"查看流程图"按钮可以直观显示构造认识的基本操作流程，如图 5-86 所示。

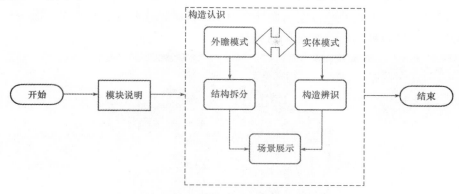

图 5-86　构造认识的操作流程图

(3)进入场景。进入"构造认识"后，默认展示高层框剪结构的公寓楼的三维建筑外瞻。用户可使用鼠标的左、右键分别控制三维场景的移动和旋转，鼠标滚轮控制三维场景的缩放，如图 5-87 所示。

图 5-87　构造认识场景

(4)操作介绍。为了更好地认识整个建筑场景的内部与外部构造，在构造认识的场景中分成外瞻模式和漫游模式两种认知模式。同时，在外瞻模式中，进一步细分成建筑场景和结构场景。建筑场景主要表现建筑整体外瞻以及外部装饰构造。结构场景主要表现框剪结构建筑构造以及地下部分桩基构造。

用户可以单击左上角的 按钮切换外瞻模式和漫游模式两种认知模式; 按钮切换建筑场景和结构场景两种场景,如图5-88所示。

**图5-88　构造认识场景(结构场景部分)**

单击左下角 按钮,回到模块概述的引导页。

(5)外瞻模式。

①建筑场景。在建筑场景中,为了更好地表现建筑图纸的形成原理,同时让用户更好地了解建筑平、立、剖面结构的知识信息,软件还提供了结构拆分的功能,针对建筑场景的平面位置、立面位置进行拆分。单击右下角 按钮可以分别拆分相应部分的建筑结构,如图5-89所示。

软件场景中预置了若干个拆分平面,单击不同的拆分平面,场景中将显示与该拆分平面对应的建筑平面图。建筑平面图主要包含基础部分平面图和楼层平面图。(注意:部分拆分平面并不能正确表达建筑平面的完整内容,操作用户应结合平面图纸仔细观察。)

用户可以使用键盘的W、A、S、D键对显示视角做相应的调整(W、S键控制镜头的推拉动作;A、D键控制镜头的平移动作),同时配合鼠标的左、右键,灵活展示场景。

拆分后的表现效果如图5-90所示。

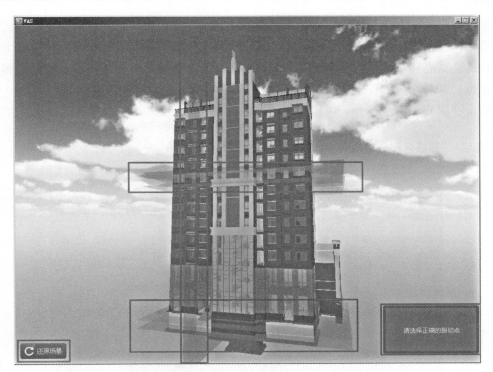

图 5-89　建筑场景平面拆分

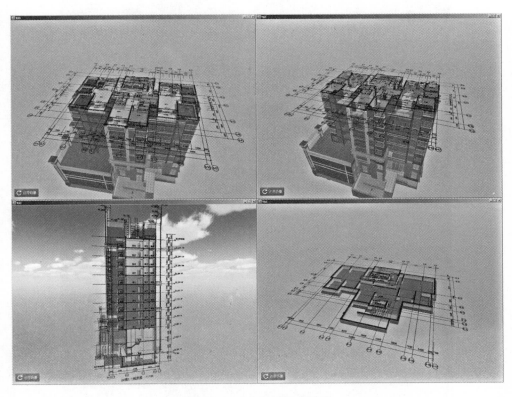

图 5-90　建筑场景拆分效果

单击左下角 C 还原场景 按钮，重置模型，返回到建筑场景。

②结构场景。单击左上角的 按钮切换到结构场景。鼠标移至结构场景中各个构件时，软件会高亮显示该构件在整个建筑结构中的位置及布局，单击该构件，软件会弹出浮动信息窗，并对相应构件做详细说明（见图5-91）。

单击浮窗右侧的 按钮，可以隐藏浮窗。

图 5-91 拆分楼梯间

单击左下角 返回说明页 按钮，返回到模块概述的引导页。

（6）漫游模式。单击左上角的 按钮，切换到漫游模式，如图5-92所示。

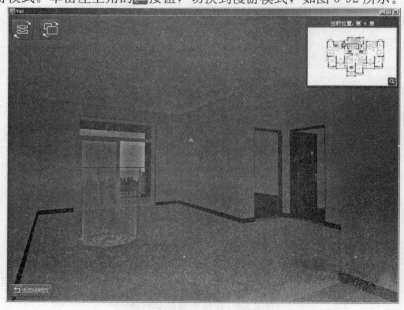

图 5-92 构造认识的漫游模式

　　与"场景漫游"的操作相同，用户可以结合键盘、鼠标的操作，对建筑内部结构进行交互认知。在每个楼层的传送带位置，还可以选择前往哪一层楼层，方便对各楼层结构的认识。其中，第一层为商铺层，第四层为无装修构造的楼层，第八层为带装修构造的楼层，屋顶层表示屋顶构造做法，如图 5-93 所示。

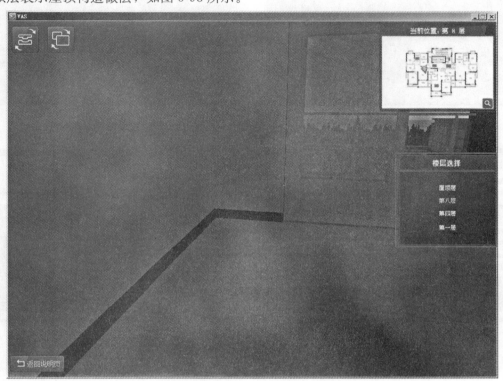

图 5-93　楼层传送带

　　选择指定的楼层，漫游至房间内部，可以观察楼层构造及内部装饰装修的分层做法。单击蓝色的提示符号，右侧显示构件知识解析，场景中则显示相关构件的分层做法，如图 5-94～图 5-99 所示。

图 5-94　商铺层台阶构造

图 5-95　商铺层台阶构造做法

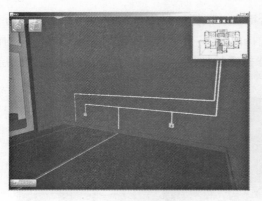

图 5-96　无装修构造的楼层

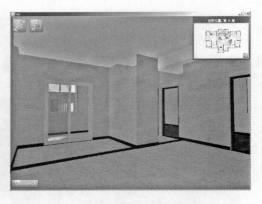

图 5-97　带装修构造的楼层

图 5-98　层顶层保温屋面

图 5-99　层顶层保温屋面构造做法

**5. 图纸分析**

单击"图纸分析"按钮，进入图纸分析模块，如图 5-100 所示。

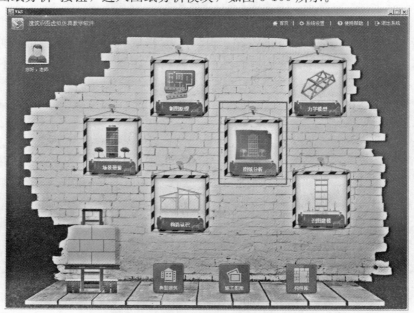

图 5-100　软件主界面之"图纸分析"

（1）模块概述。进入"图纸分析"引导页后，可以查看图纸分析的概述、教学目标、教学要点及操作流程，如图 5-101 所示。

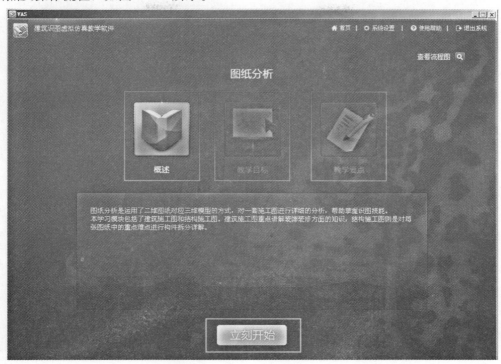

图 5-101　"图纸分析"模块引导页

（2）操作流程。单击右上角的"查看流程图"按钮可以直观显示图纸分析的基本操作流程，如图 5-102 所示。

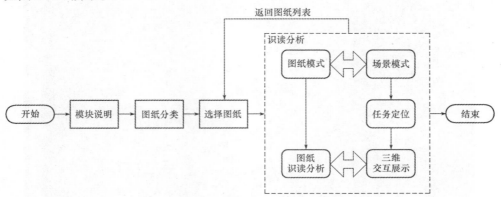

图 5-102　图纸分析操作流程图

（3）功能引导。单击"立刻开始"按钮后，进入图纸分析的功能引导界面。软件按照实际施工图纸的分类，将图纸分析模块分成"建筑施工图"和"结构施工图"两个部分，如图 5-103 所示。

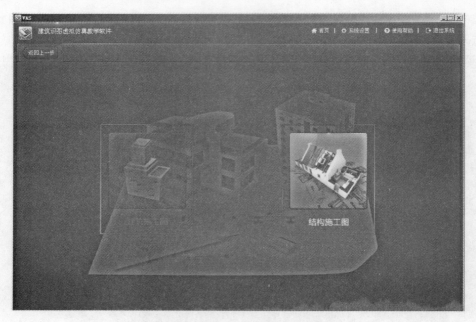

图 5-103　图纸分析"功能引导"界面

单击 返回上一步 按钮即可返回到上一级页面。

(4)操作介绍。单击"建筑施工图"按钮后,进入图纸分析建筑施工图教学列表,如图
5-104 所示。

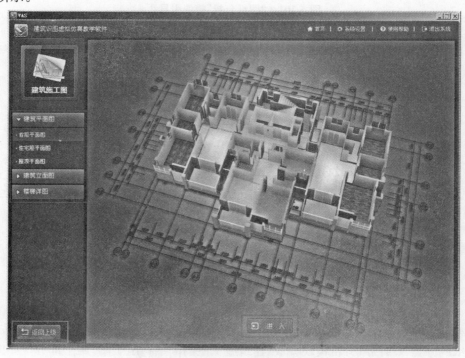

图 5-104　图纸分析建筑施工图教学列表

单击"结构施工图"按钮后，进入图纸分析结构施工图教学列表，如图 5-105 所示。

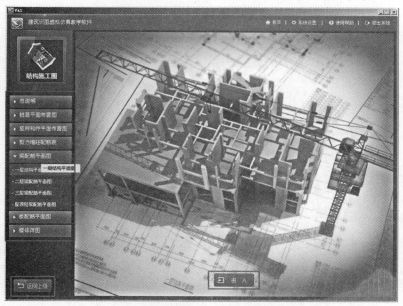

**图 5-105　图纸分析结构施工图教学列表**

(5)图纸查看。以建筑施工图为例，在教学列表中选择不同的图纸，单击 进入 按钮，进入图纸查看模式。

单击左上角的 按钮，可以分层展示平面图纸的形成过程。从轴网绘制到尺寸标注，可以单击"图纸分层"按钮循环切换查看，如图 5-106 所示。

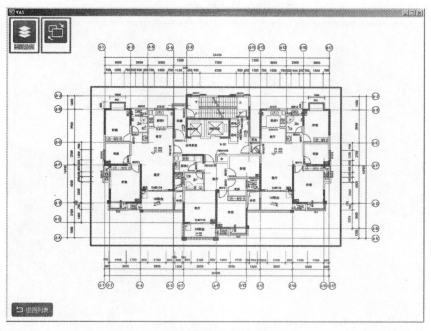

**图 5-106　图纸分层**

单击█按钮，切换到图纸查看模式。在图纸场景中，分别对应展示图纸与建筑平面模型之间的关系。同时在右侧独立展示完整的建筑平面图纸，用于对照学习，如图 5-107 所示。

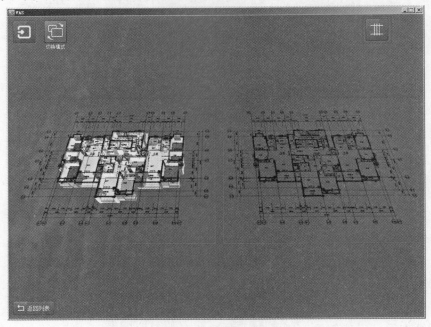

图 5-107　图纸查看模式

　　(6)图纸漫游。在图纸查看模式中，单击左上角█按钮，进入图纸漫游场景。在漫游场景中，单击蓝色提示符号，回顾在构造认识中了解到的装饰装修分层模型，同时进一步学习分层构造的做法，如图 5-108、图 5-109 所示。

图 5-108　装饰构造

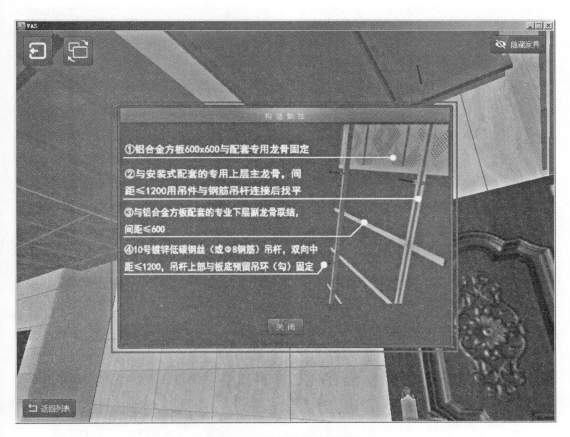

图 5-109　装饰构造分层做法

　　另外，在商铺层、住宅层等楼层的图纸分析教学中，还可以学习室内装修的不同风格的构造做法，如图 5-110～图 5-113 所示。

图 5-110　装修风格一

图 5-111　装修风格一（隐藏家具）

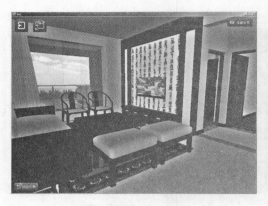

图 5-112　装修风格二

图 5-113　装修风格三

(7)结构构造。以结构施工图为例,在教学列表中选择不同的图纸,单击  按钮,进入构造教学模式。

单击左上角的 [■] 按钮,可以在平面图纸模式与三维漫游模式之间切换。

在图纸查看模式中,每张图纸设置了若干个不同难度的学习节点(用不同颜色区分表示),选择相应的学习节点后,自动切换到图纸操作模式,以三维漫游的方式显示学习节点的知识信息。

选择相应的学习节点后,进入三维场景。软件自动以发光高亮的方式显示三维场景中的学习节点,如图 5-114 所示。

图 5-114　学习节点高亮显示

单击发光高亮部分，即可显示该学习节点的模型图片和基本知识信息，如图 5-115 所示。

图 5-115 学习节点知识信息

①构件及说明。在浮动信息窗单击 按钮，可以查看该节点的三维模型，如图 5-116 所示。

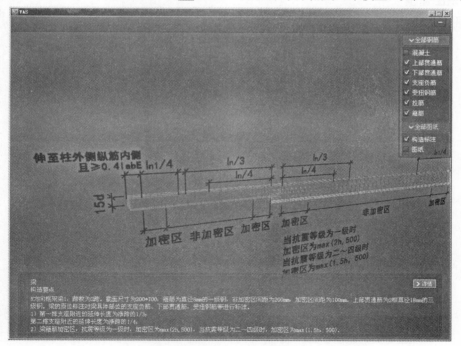

图 5-116 三维模型

在三维模型展示界面中，屏幕下方显示三维构件模型的基本信息说明。用户可以通过键盘、鼠标的交互操作，结合基本信息的文字说明，直观了解该节点的构件信息。

②拆分及标注。在三维场景右上角的知识分解列表中，包含钢筋列表与标注列表两个部分。用户可以根据平法教学的需要，单独勾选其中指定的钢筋构造进行学习，也可以结合标注信息，对平法知识点进行示例展示。将二维图纸标注说明与三维模型相结合，可以更加直观详细地了解构件模型的信息，从而进一步增强施工图纸的识读能力，如图 5-117 所示。

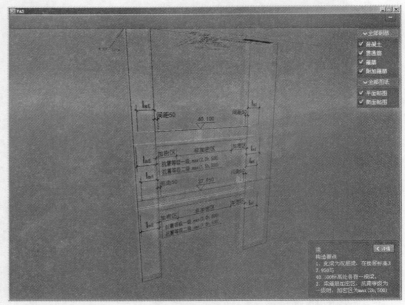

图 5-117　拆分及标注

单击 退出场景 按钮，返回到教学列表界面。

### 6. 识图建模

单击"识图建模"按钮，进入识图建模模块，如图 5-118 所示。

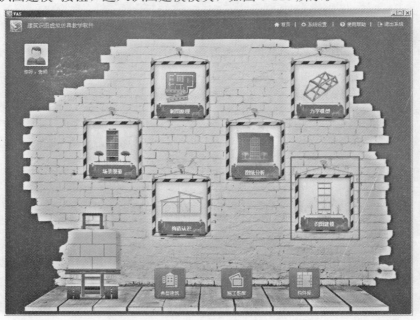

图 5-118　软件主界面之"识图建模"

（1）模块概述。进入"识图建模"引导页后，可以查看识图建模的概述、教学目标、教学要点及操作流程，如图 5-119 所示。

图 5-119 "识图建模"模块引导页

（2）操作流程。单击右上角的"查看流程图"按钮可以直观显示图纸分析的基本操作流程，如图 5-120 所示。

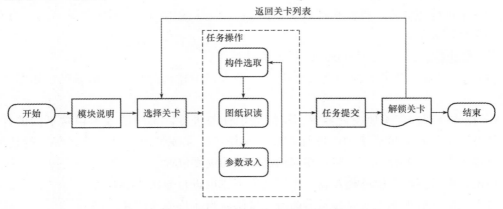

图 5-120 识图建模操的作流程图

（3）关卡选择。整个识图建模包含基础层、商铺层、住宅层和屋顶层 4 个楼层关卡，每个楼层关卡包含多个数量不等的进度，如图 5-121 所示。

图 5-121　任务关卡

任务解锁遵循的原则如下：

初始状态下，除了基础层的第一个进度是解锁状态之外，其他的都是锁住状态。

当一个进度完成时，自动开启下一个进度。当一个关卡的所有进度都完成时，自动开启下一个楼层关卡。

单击 ◀返回 按钮，返回到识图建模的引导页。

（4）进入场景。单击解锁的楼层关卡后，进入识图建模的模拟工地场景，如图 5-122 所示。

（5）操作介绍。在工地场景界面，左侧显示任务进度。不同的关卡包含不同的任务。每个任务图标的右下角显示锁的图标，表示该任务的完成情况。对于已经解锁的任务进度，可以单击任务图标后，跳转到相应的已解锁的进度位置。

单击任务进度栏右侧的 ▶ 按钮，可以将任务进度进行显示或隐藏。

右上角的导航地图上实时显示当前所在楼层、当前角色的位置。

单击地图中的 🔍 按钮，可对地图进行全屏查看。单击 ➖ 按钮，退出全屏模式。

①图纸库弹窗。单击导航地图右侧的 🗐 按钮，弹出图纸库弹窗界面，如图 5-123 所示。

图 5-122　识图建模工地场景

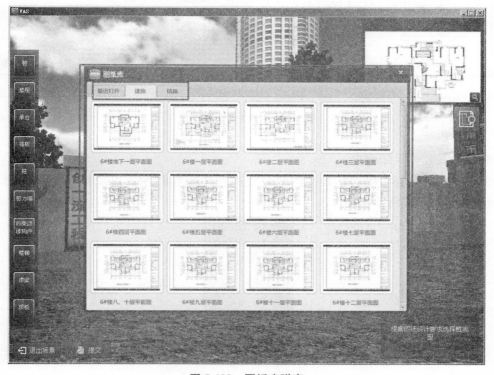

图 5-123　图纸库弹窗

图纸库弹窗包括最近打开的图纸、建筑施工图纸及结构施工图纸的缩略图列表。

对于所有已经打开过的图纸，均可以通过快捷键的方式快速查看。

对于图纸尺寸超过显示尺寸的图纸（如建筑设计总说明图），对应图纸将会全屏显示。用户可以使用鼠标滚轮对图纸进行缩放操作，如图 5-124 所示。

图 5-124　图纸库全屏显示

单击█按钮，关闭弹窗。

②构件选择弹窗。单击场景中的黄色虚拟箭头操作指示，出现构件选择弹窗，如图 5-125、图 5-126 所示。

图 5-125　操作指示箭头

图 5-126　构件选择

弹出构件选择框后，根据屏幕左下角提示框的文字提示，在构件环中进行选择。如选择错误，系统会提示错误提示框，如图 5-127 所示。

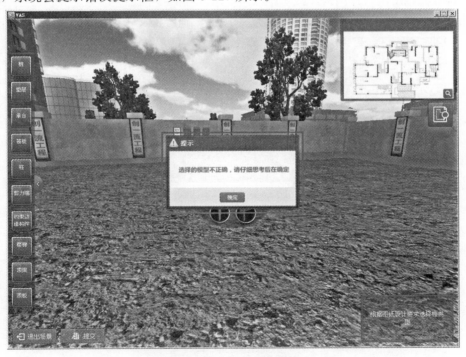

图 5-127　构件选择错误

选择正确后，会出现构件参数的输入框，通过查阅相应的图纸资料，正确填写相应的构件参数。全部输入完成后，单击"确定"按钮，如图 5-128 所示。

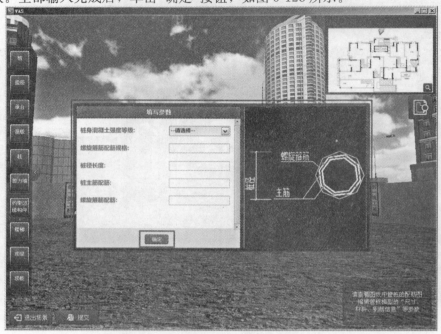

图 5-128　构件参数录入

单击 提交 按钮，弹出提交提示框。

单击 取消 按钮，取消提交；单击 确定 按钮，确定提交，如图 5-129 所示。

图 5-129　提交任务

完成任意一个任务关卡后，系统会提示该关卡所得总分及消耗时间。分数计算方法按 10 分/空格计，最终以百分制进行折算。单击 ❌ 按钮，关闭提示，如图 5-130 所示。

图 5-130　任务成绩

单击 退出场景 按钮，弹出退出提示框。

单击 取消 按钮，取消提交；单击 确定 按钮，确定提交，如图 5-131 所示。

图 5-131　退出场景

### 5.2.5 知识中心

知识中心分为典型建筑、施工图库、构件库 3 个子模块，如图 5-132 所示。

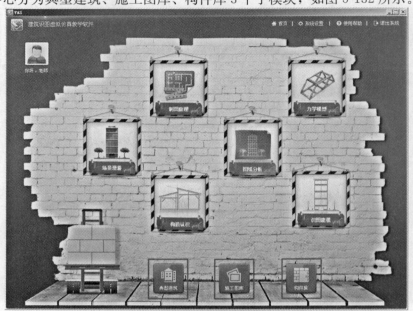

图 5-132　知识中心

#### 1. 典型建筑

典型建筑主要提供按建筑分类的各种具有典型性和代表性的建筑图库，并结合图片及文字介绍，理解建筑分类定义的功能和应用范围，如图 5-133、图 5-134 所示。

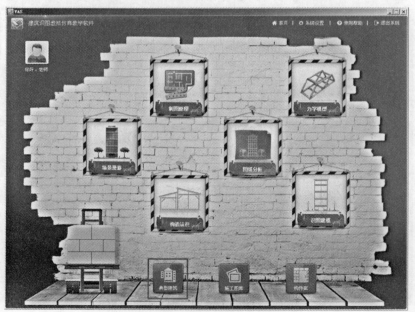

图 5-133　软件主界面之"典型建筑"

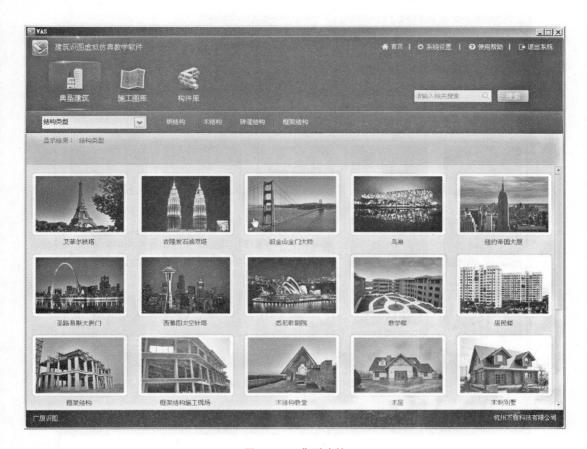

**图 5-134　典型建筑**

为了更方便快捷地在知识中心的各个模块中进行学习，知识中心的各个模块均提供了快捷操作栏，可以直接选择查看进入知识中心的任意一个模块。同时，在右侧的搜索框中，可以根据搜索关键字，模糊匹配典型建筑、施工图库、构件库和基础知识库中相关资源的名称，并在搜索结果中按分类进行展示。

进入典型建筑模块，在左侧分类查询下拉框中，可以选择不同的分类条件进行检索查询，如结构类型、用途分类等。选择相应的分类条件后，在右侧的类别栏中会列出详细的类别名称，并在下方显示相应的显示结果说明，对相关知识点做进一步的详细介绍。单击相应的类别名称后，在下方的结果展示区域中会以缩略图的形式显示相应的典型建筑图集，如图 5-135 所示。

单击结果展示区域中的某一建筑图册，即可对该典型建筑图册的全部图片进行全屏浏览。如果有多张图片的，可以单击左右箭头进行切换浏览。鼠标滚轮可对图片进行缩放操作。

单击右上角的  按钮，退出全屏，如图 5-136 所示。

图 5-135 典型建筑功能介绍

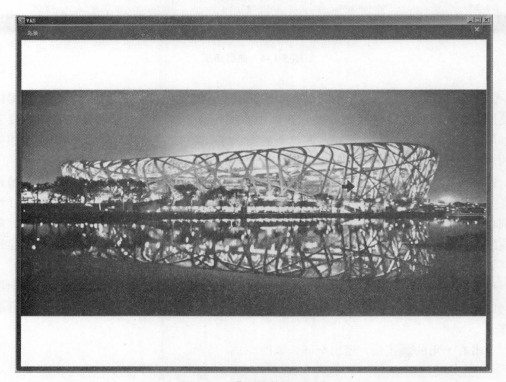

图 5-136 典型建筑图册浏览

**2. 施工图库**

施工图库主要管理和展示工程项目的施工图纸，包括建筑施工图、结构施工图等，同时提供按图纸分类查询施工图，并结合图纸理解图纸分类定义的功能，如图 5-137、图 5-138 所示。

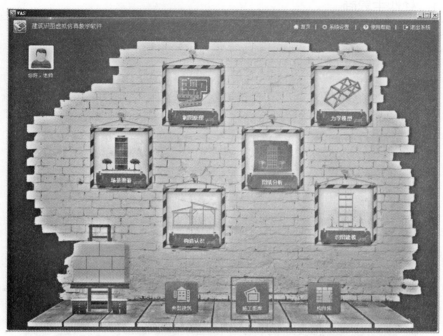

**图 5-137　软件主界面之"施工图库"**

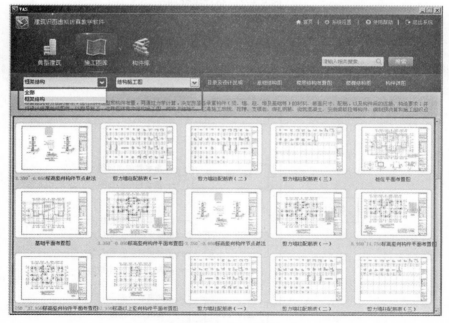

**图 5-138　施工图库**

## 5.3　系统仿真教学软件详细设计（公路）

### 5.3.1　软件主界面

软件主界面如图 5-139 所示。

图 5-139　软件主界面

### 5.3.2　制图原理

"制图原理"用 13 个三维动画的表现形式展示了相关知识内容，内容如图 5-140 所示。

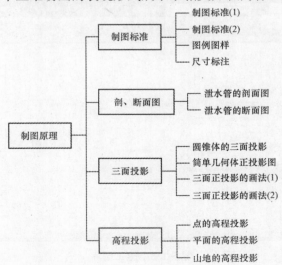

图 5-140　"制图原理"相关知识内容

"制图原理"主界面如图 5-141 所示。

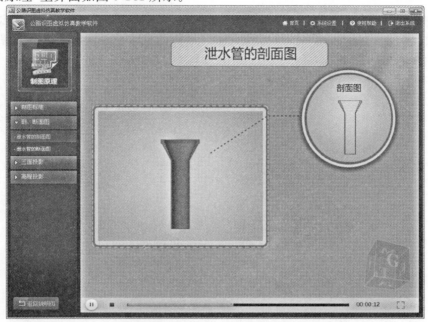

图 5-141　"制图原理"主界面

### 5.3.3　公路测设

　　"公路测设"模块涵盖了基本概念、选线设计、路线平面图、路线纵断面图、路基横断面图、路面工程、排水工程、防护工程等公路相关知识内容，并设置了知识回顾，对知识点进行强化(见图 5-142)。

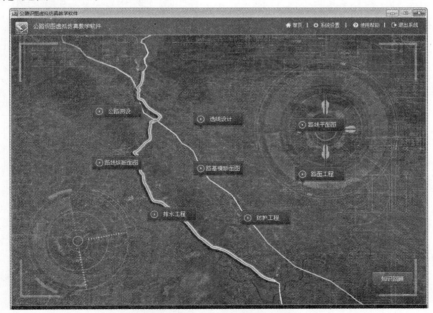

图 5-142　"公路测设"主界面

**1. 基本概念**

"基本概念"界面用动画的形式，对公路发展、道路的分类、公路的基本概念、公路的分级及功能等相关内容进行展现，并配备了高速公路的三维视频，帮助学生了解公路的基本概念（见图 5-143、图 5-144）。

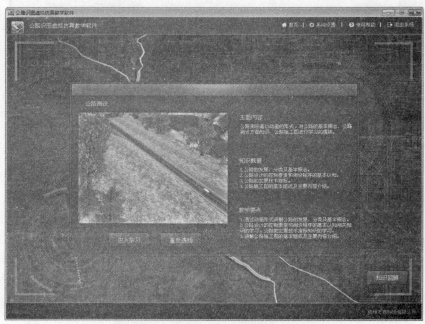

图 5-143 "基本概念"界面

图 5-144 公路的基本概念

**2. 选线设计**

"选线设计"模块对于平原、山区、丘陵三种地形进行介绍，并对公路选线的要点进行
阐述（见图 5-145、图 5-146）。

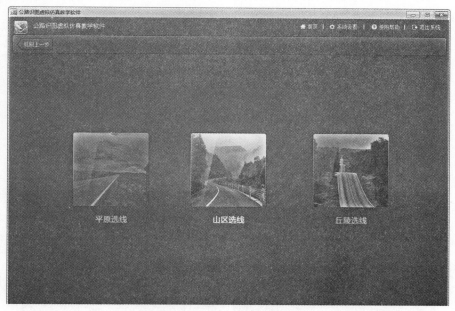

图 5-145　"山区选线"界面

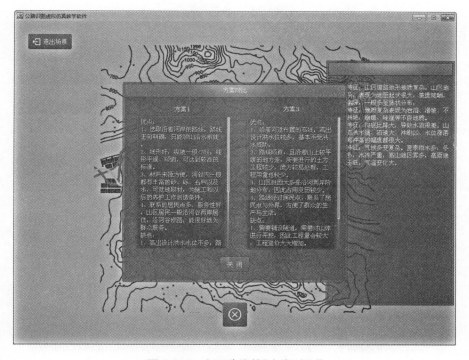

图 5-146　山区选线的"方案对比"

### 3. 路线平面图

"路线平面图"模块包含了"平面投影"和"中桩坐标计算"两个三维动画教学视频,以及路线平面图三维模型与图纸的对应分析。它主要对平面图上各曲线要素进行分析(见图 5-147、图 5-148)。

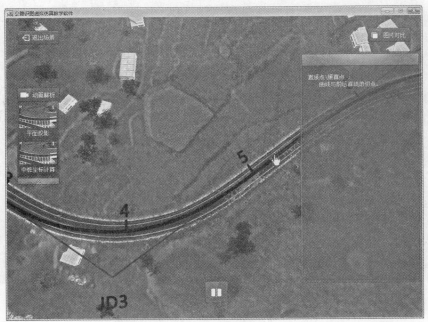

图 5-147　平面投影

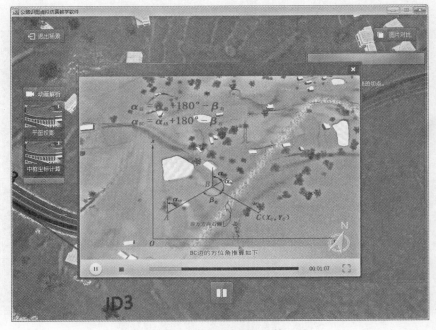

图 5-148　中桩坐标计算

#### 4. 路线纵断面图

"路线纵断面图"模块包含了路线纵断面图原理的三维解析动画，以及三维模型配图分析（见图 5-149、图 5-150）。

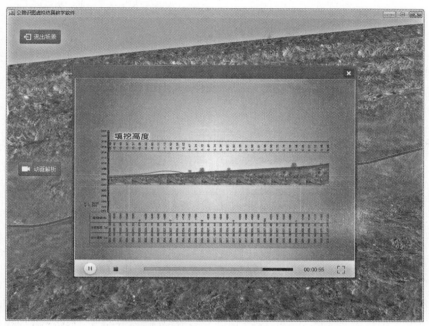

图 5-149　路线纵断面图原理

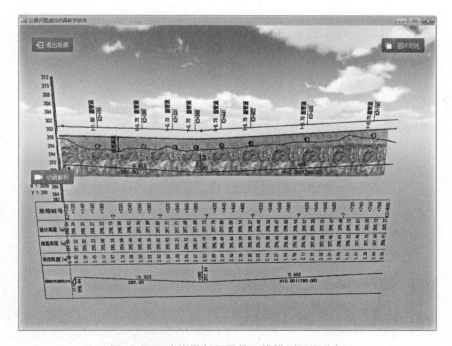

图 5-150　路线纵断面图的三维模型配图分析

**5. 路基横断面图**

"路基横断面图"模块包含了"道路加宽""平曲线超高"两个三维教学视频,还对路基横断面中"路堤""路堑"等几种不同形式用模型进行了一一展示(见图 5-151、图 5-152)。

图 5-151 平曲线超高

图 5-152 路基横断面

### 6. 路面工程

"路面工程"模块用三维模型结合图片、文字的形式，对路面工程内容进行展示（见图 5-153）。

图 5-153　路面工程

### 7. 排水工程

"排水工程"模块包含了"路堑排水""路堤排水""填挖路基排水"3 个三维教学动画，展示了道路排水的原理及方式。该模块还通过三维模型对应文字解析的模式进行了道路排水的结构设施解析（见图 5-154、图 5-155）。

图 5-154　排水工程

图 5-155　边沟

### 8. 防护工程

"防护工程"模块包含了"路堑边坡防护""路堤防护"两个三维教学动画，展示了防护工程的原理及方式。该模块还通过三维模型对应文字解析的模式进行了防护结构设施解析（见图 5-156、图 5-157）。

图 5-156　路堑边坡防护

图 5-157　路堤防护

**9. 知识回顾**

　　"知识回顾"模块，采用了第一视角漫游模式，通过键盘控制车辆在道路中行驶，行驶过程中采用自行触发知识点的方式对 8 个模块内容进行知识点的巩固。通过左侧任务栏，可对回顾模块进行切换。右下角为车辆的行驶速度仪表(见图 5-158)。

图 5-158　"知识回顾"模块

### 5.3.4 技能挑战

#### 1."自由练习"模块

"自由练习"模块以判断题、选择题的方式，进行任务考核（见图5-159）。

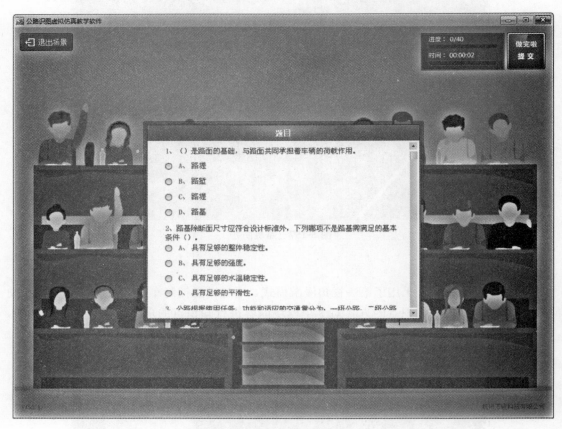

图5-159 "自由练习"模块

#### 2."实训挑战"模块

"实训挑战"任务设置在公路的三维场景中，采用了人物第一视角的漫游模式，可通过键盘操控小车在公路上行驶。行驶过程中会遇到障碍，单击该障碍，可触发对应的识图考核习题，根据任务提示，查看图纸库中的图纸，完成考核习题，则障碍清除，公路延伸，小车可继续前行，直至遇到下一个障碍（见图5-160）。

### 5.3.5 资源库

#### 1. 材料库

"材料库"是对道路工程中常用的材料进行介绍（见图5-161）。

图 5-160　"实训挑战"模块

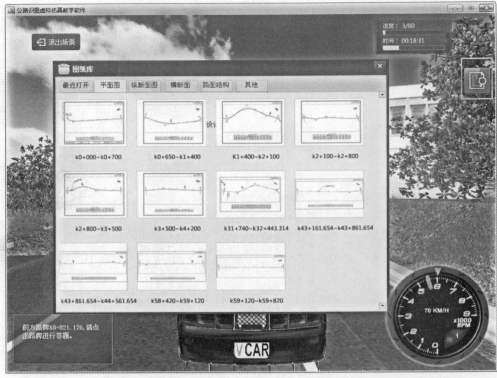

图 5-160 "实训挑战"模块(续)

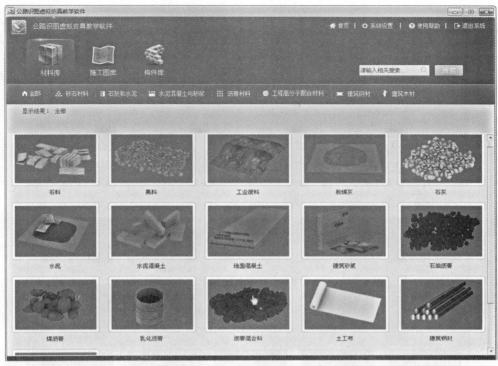

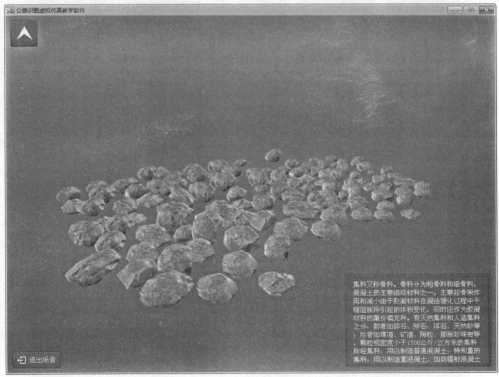

图 5-161 材料库

**2. 图纸库**

"图纸库"是对本工程所对应的公路相关图纸进行选择性收录,方便师生查阅使用。

**3. 构造库**

"构造库"是对道路工程中的相关构造进行建模分析(图 5-162)。

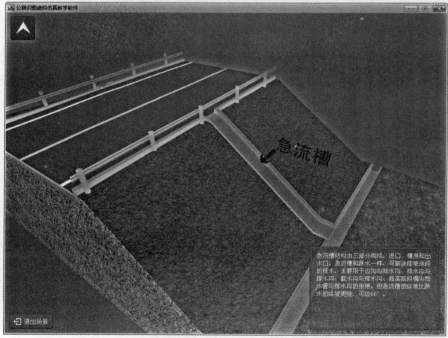

图 5-162　构造库

# 5.4　系统教学管理平台详细设计

施工图识图虚拟教学系统的教学管理平台简要介绍。

## 5.4.1　系统教学管理平台的登录

进入"中国建设职业教育信息化开发平台（院校端）"的方式有两种：第一种方式是通过直接输入网址：http://szzy.ccen.com.cn 打开，进入"中国建设职业教育信息化开发平台（院校端）"；第二种方式通过校园网进入湖南工程职业技术学院官网，逐层单击"土木工程系/实训软件/进入（校内和校外进入均可）"，进入"中国建设职业教育信息化开发平台（院校端）"。用户通过输入学生学号（或教师工号）和原始密码 123456（密码可改）登录，管理员用户不需要注册，可以通过登录页进行登录。登录成功后，在首页下载施工图识图仿真软件客户端，安装后即可应用（见图 5-163 和图 5-164）。

**图 5-163　施工图识图虚拟教学系统登录页**

**图 5-164　施工图识图虚拟教学系统首页**

### 5.4.2 系统教学管理平台的互动管理

执行"互动管理"→"信息管理"命令，进入信息管理页面，主要操作有新增、修改、删除；信息列表可以按照发布时间进行排序（见图 5-165）。

图 5-165 信息管理页面

单击"新增"按钮，进入新增信息页面（见图 5-166）。

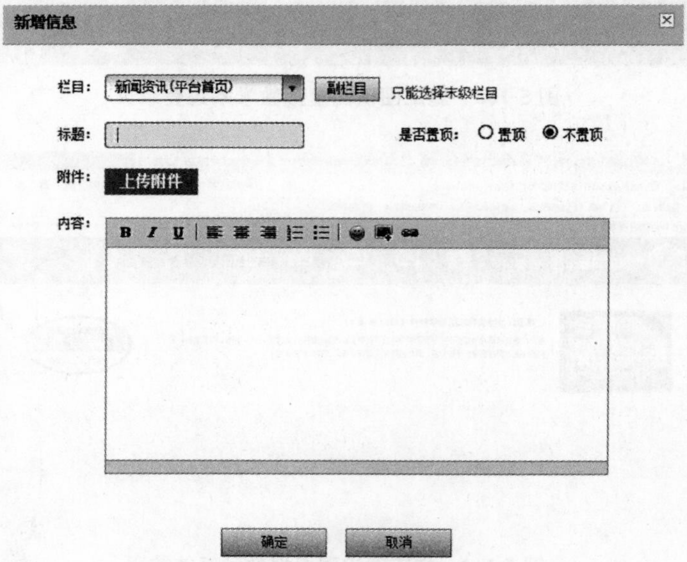

图 5-166 新增信息页面

选中相关的信息，可以对信息进行修改和删除操作(见图 5-167)。

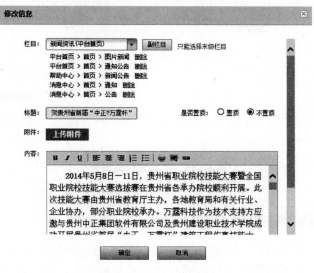

图 5-167　修改信息

执行"互动管理"→"咨询管理"命令，进入咨询管理页面，主要操作有搜索、回复、查看、删除；咨询问题主要分为待处理和已处理(见图 5-168)。

图 5-168　咨询管理

选中相关咨询问题，单击"回复"按钮，进入问题回复页面(见图 5-169)。

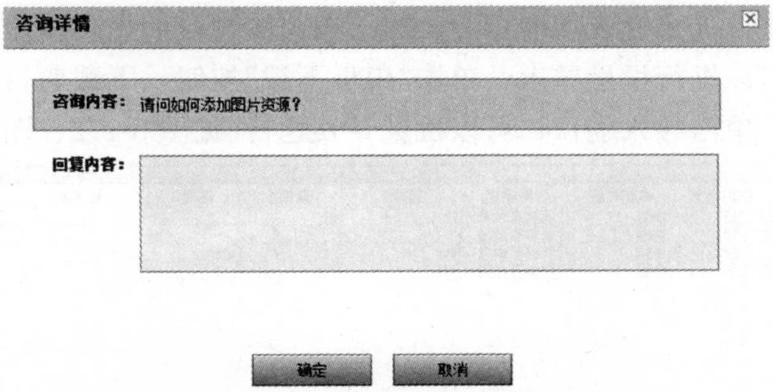

图 5-169　问题回复页面

问题回复完成后，在已处理问题列表处，可以看到已经处理好的问题列表（见图 5-170）。

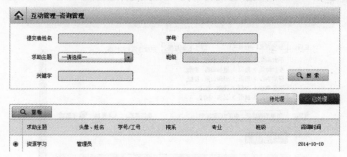

图 5-170 已处理问题列表

### 5.4.3 系统教学管理平台的题库管理

执行"题库管理"→"题目管理"命令，显示所有添加过的题目列表，主要操作有搜索、新增、修改、删除；所有的题目可以按照收藏次数和最新发布进行排序（见图 5-171）。

图 5-171 题目管理

单击"新增"按钮，进入题目新增页面。输入相关的题目信息，单击"确定"按钮，可以添加题目。题目也可以进行批量导入，单击"模板下载"按钮，下载题目模板。按照模板要求，输入题目之后，单击导入题目，可以批量导入题目（见图 5-172、图 5-173）。

| 题目名称 | 题型分类 | 题目类型 | 难度等级 | 适用课程 | 选项1 | 选项2 | 选项3 | 选项4 | 正确答案 | 答案解析 |
|---|---|---|---|---|---|---|---|---|---|---|
| 测试导入判断题 | 判断题 | 文字题 | 中级 | 计算机有试卷 | 对 | 错 | | | 错 | 啊啊啊 |
| 测试导入填空题 | 填空题 | 文字题 | 中级 | 计算机有试卷 | | | | | aaaavv | yyyyy |
| 测试导入单选题 | 单选题 | 文字题2 | 中级 | 计算机有试卷 | 444 | 222 | 111 | 1111 | A | yyyyy |
| 测试导入多选题 | 多选题 | 文字题 | 中级 | 计算机有试卷 | 444 | 222 | 111 | 3333 | A,B | yyyyy |

图 5-172 题目信息

图 5-173　新增题目

选中相关题目，单击"修改"/"删除"按钮，可以对当前选中的题目进行修改/删除操作（见图 5-174、图 5-175）。

图 5-174　修改题目

图 5-175　删除题目

执行"题库管理"→"题目类型管理"命令。显示所有添加过的题目类型（见图5-176）。具体操作有搜索、新增、修改、删除。

图5-176 题目类型管理

单击"新增"按钮，进入题目类型。输入类型名称，单击"确定"按钮（见图5-177）。选中相关的题目类型，单击"修改"/"删除"按钮（见图5-178）。

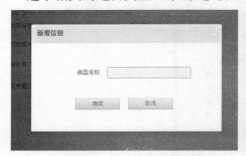

图5-177 新增信息

图5-178 修改信息

执行"题库管理"→"题型分类管理"命令（见图5-179）。（具体操作和题目类型管理操作相似。）

图5-179 题型分类管理

执行"题库管理"→"难度等级管理"命令(见图 5-180)。(具体操作和题目类型管理操作相似)

| | 难度等级名称 | 录入时间 | 经办人 |
|---|---|---|---|
| □ | 压轴题 | 2014-08-04 10:19 | laomao |
| □ | 中级 | 2014-05-22 15:57 | vasadmin |
| □ | 初级 | 2014-03-20 14:13 | vasadmin |
| □ | 高级 | 2014-03-20 14:13 | vasadmin |

**图 5-180　难度等级管理**

执行"题库管理"→"测验管理"命令，显示所有添加过测验列表，主要操作有搜索、新增、修改、删除(见图 5-181)。

| | 测验名称 | 测验类型 | 试卷名称 | 针对班级 | 难度等级 | 测验开始时间 | 测验结束时间 |
|---|---|---|---|---|---|---|---|
| ☑ | test100 | 平时测验 | 建筑类仿真试题 | 1021班 | 初级 | 2014-09-30 09:49 | 2014-09-30 09:49 |
| □ | 建筑仿真教学试卷 | 期中考试 | 仿真教学 | 1023班 | 初级 | 2014-09-02 09:01 | 2014-09-02 09:10 |
| □ | 建筑教学仿真10 | 平时测验 | 建筑教学试卷 | 1024班 | 初级 | 2014-08-29 08:44 | 2014-08-29 08:50 |
| □ | 建筑教学仿真9 | 平时测验 | 建筑教学仿真试卷 | 1024班 | 初级 | 2014-08-28 17:41 | 2014-08-28 18:05 |
| □ | 建筑教学仿真8 | 平时测验 | 建筑教学仿真试卷 | 1024班 | 初级 | 2014-08-28 16:45 | 2014-08-28 16:55 |
| □ | 建筑教学仿真7 | 平时测验 | 建筑教学仿真试卷 | 1024班 | 初级 | 2014-08-28 16:41 | 2014-08-28 16:50 |
| □ | 建筑教学仿真6 | 平时测验 | 建筑教学仿真试卷 | 1024班 | 初级 | 2014-08-28 16:40 | 2014-08-28 16:50 |
| □ | 建筑教学仿真图 | 平时测验 | 建筑教学单元测验 | 1024班 | 初级 | 2014-08-28 16:37 | 2014-08-28 17:37 |

上一页　1　2　3　4　5　下一页

**图 5-181　测验管理**

单击"新增"按钮，进入测验新增列表。输入相关的测验信息，单击"确定"按钮(见图 5-182)。(是否公开考试信息：是指教师在阅卷的过程中，是否知道批阅的是哪个考生的信息)

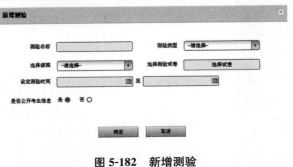

**图 5-182　新增测验**

执行"测验管理"→"试卷管理"命令，显示所有添加过试卷列表，主要操作有搜索、新

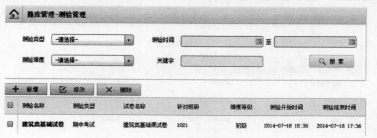

图 5-183　试卷管理

增、修改、删除（见图 5-183）。单击"新增"按钮，进入"添加试卷"页面。组卷方式分为两种，自动组卷和人工组卷（见图 5-184）。

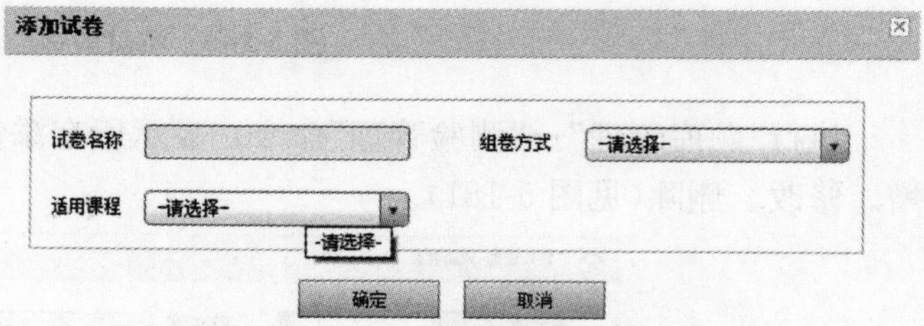

选择"自动组卷"选项，进入"自动组卷"模式。自动组卷系统根据填写的试卷信息，从课程题库中自动筛选相关的题目，进行试卷的组合（见图 5-185）。

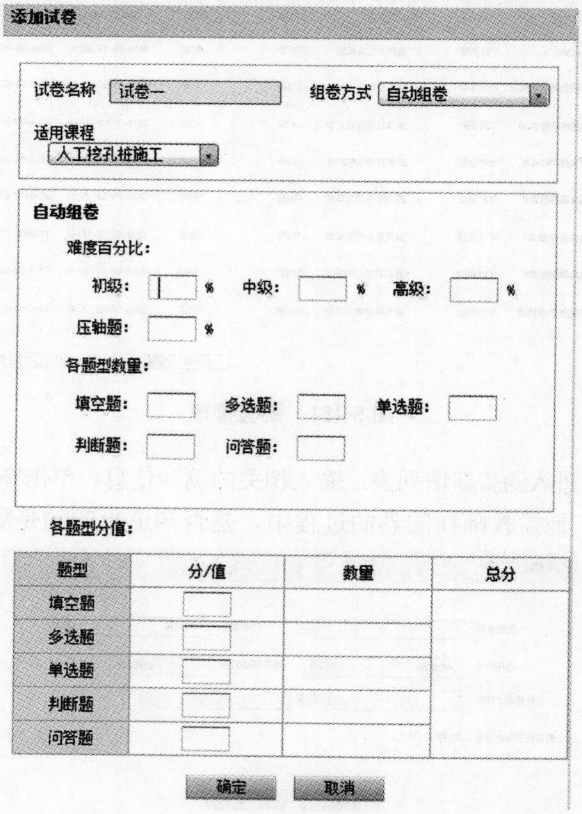

图 5-184　添加试卷

图 5-185　自动组卷

选择"手动组卷"选项，进入"手动组卷"模式。手动组卷是系统根据选择的题目类型，手动选择相关题目，进行试卷组合（见图 5-186）。

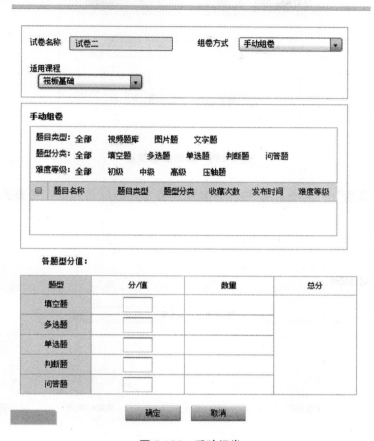

图 5-186 手动组卷

执行"题库管理"→"测验类型管理"命令，显示所有测验类型列表，主要操作有搜索、新增、修改、删除（见图 5-187）。

图 5-187 测验类型管理

单击"新增"按钮，进入"新增测验类型"页面（见图 5-188）。

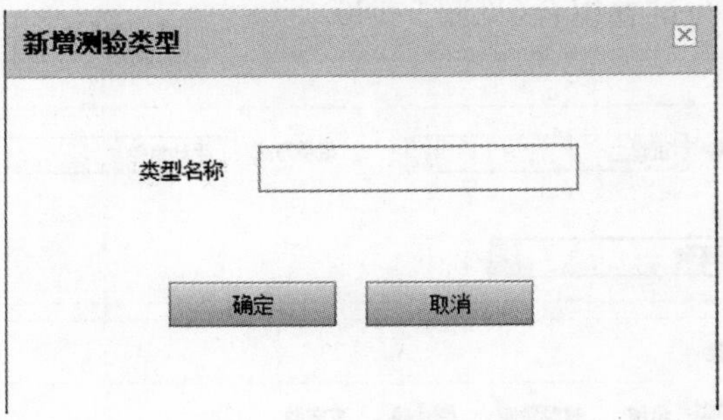

**图 5-188 新增测验类型**

执行"题库管理"→"试卷批阅"命令，显示所有考完的试卷列表，主要操作有搜索、批阅（见图 5-189）。

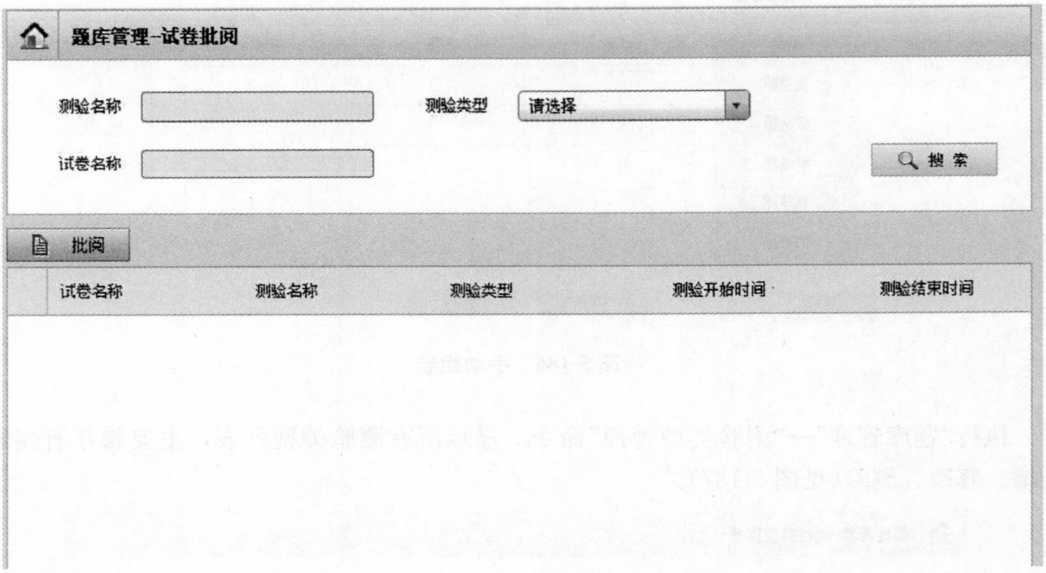

**图 5-189 试卷批阅**

选中相关试卷，单击"批阅"按钮。

### 5.4.4 系统教学管理平台的资源库管理

执行"资源库管理"→"公共资源库"命令，显示所有资源列表，主要操作有搜索、上传、下载、修改、删除。所有的资源可以按照下载次数、收藏次数、最新发布进行排序（见图 5-190）。

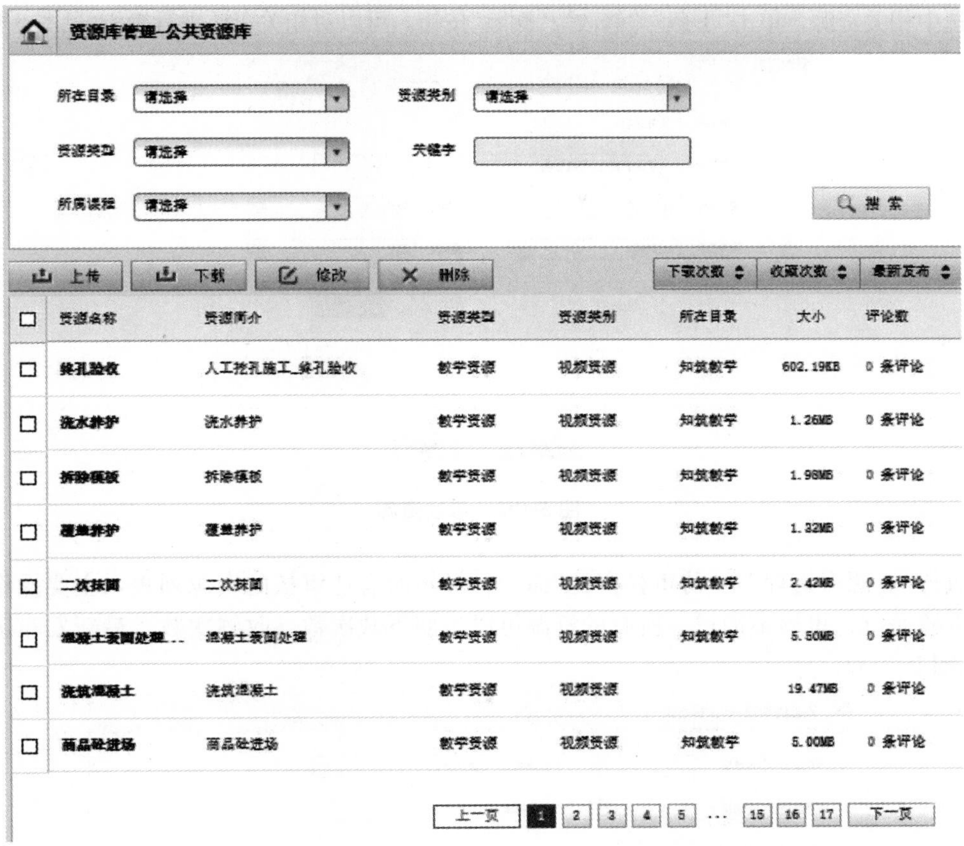


图 5-190 公共资源库

单击“上传”按钮，进入资源上传页面(见图 5-191)。

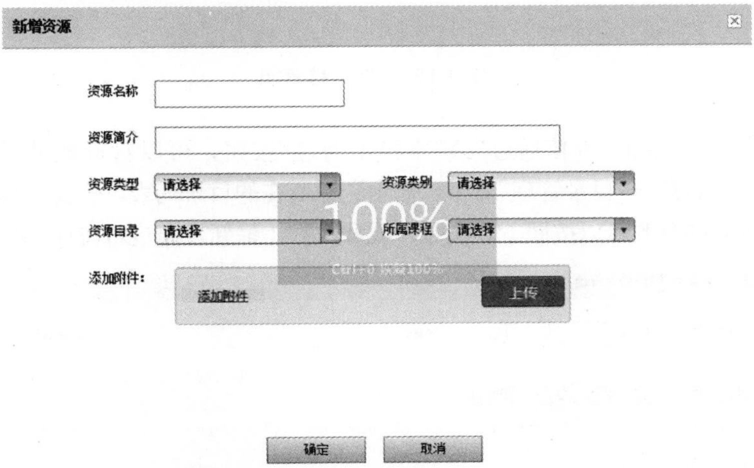


图 5-191 新增资源

选中相关资源，单击"下载"/"修改"/"删除"按钮，可以对相关资源进行操作(见图 5-192)。

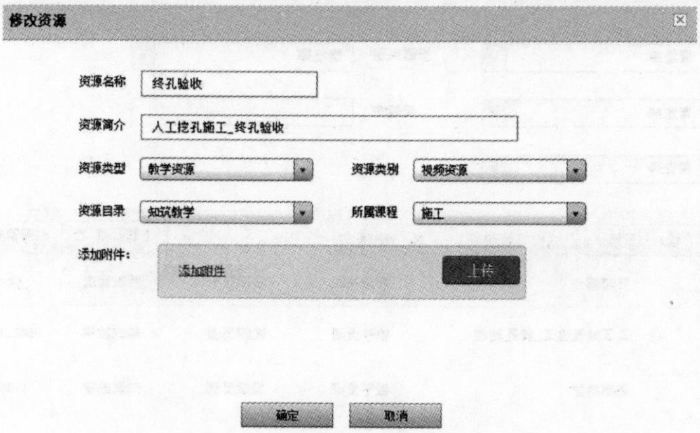

图 5-192　修改资源

执行"资源库管理"→"待审核资源"命令，显示所有待审核的资源列表，主要操作有搜索、审核通过、审核不通过。所有的资源可以按照下载次数、收藏次数、最新发布进行排序(见图 5-193)。

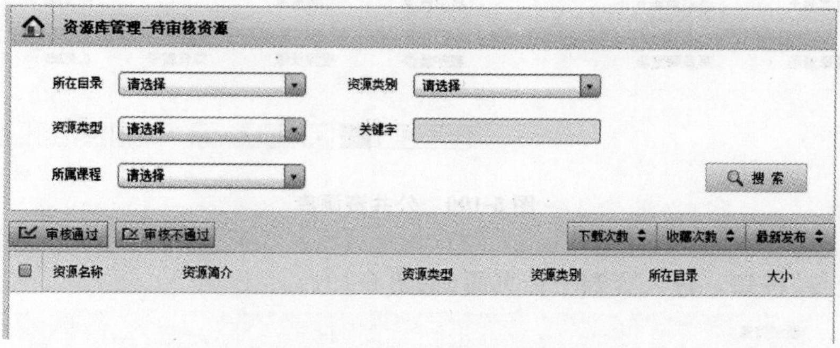

图 5-193　待审核资源

选中相关资源，单击"审核通过"或"审核不通过"按钮，可以对资源进行审核操作。

执行"资源库管理"→"目录管理"命令，显示资源所在的目录列表，主要操作有搜索、新增、修改、删除。所有的资源可以按照下载次数、收藏次数、最新发布进行排序(见图 5-194)。

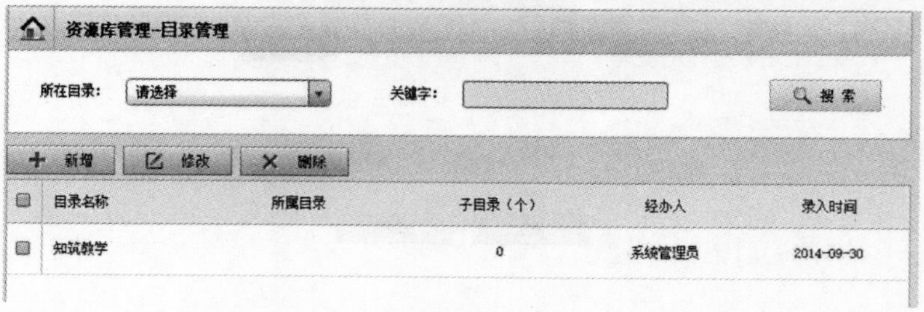

图 5-194　目录管理

选中相关目录名称，可以对添加好的目录名称进行修改/删除操作(见图 5-195)。

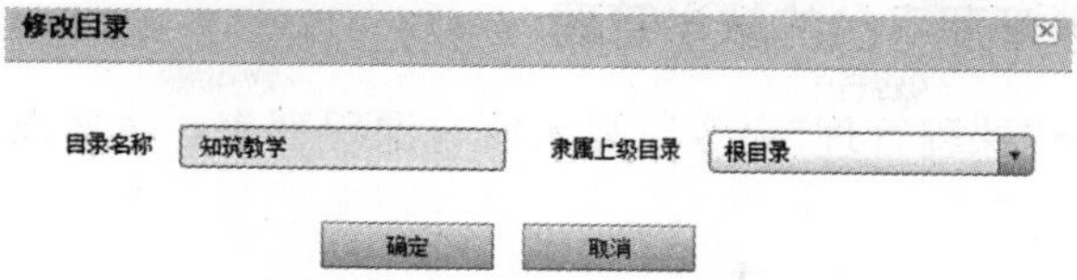

**图 5-195　修改目录**

执行"资源库管理"→"评论管理"命令，显示用户对所有资源的评论列表，主要操作有搜索、审核、删除。所有的评论可以按照评论状态、发布时间进行排序(见图 5-196)。

**图 5-196　评论管理**

选中相关评论，单击"审核"按钮，可以对评论进行审核操作。审核通过的评论，在相关资源的评论页面，可以看到评论内容(见图 5-197)。

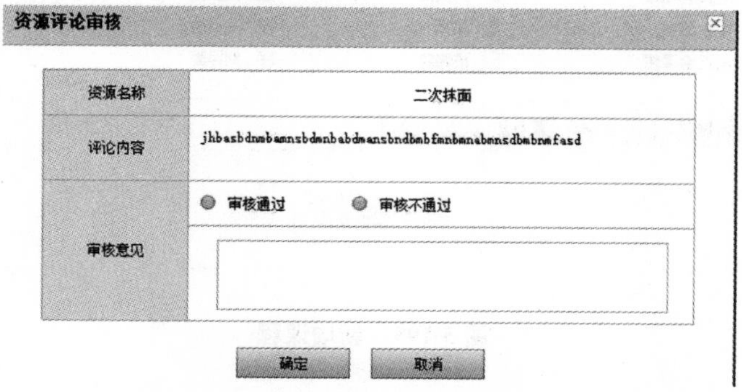

**图 5-197　资源评论审核**

### 5.4.5 系统教学管理平台的教学管理

执行"教学管理"→"课程管理"命令，显示所有课程列表，主要操作有搜索、新增、修改、删除（见图 5-198）。

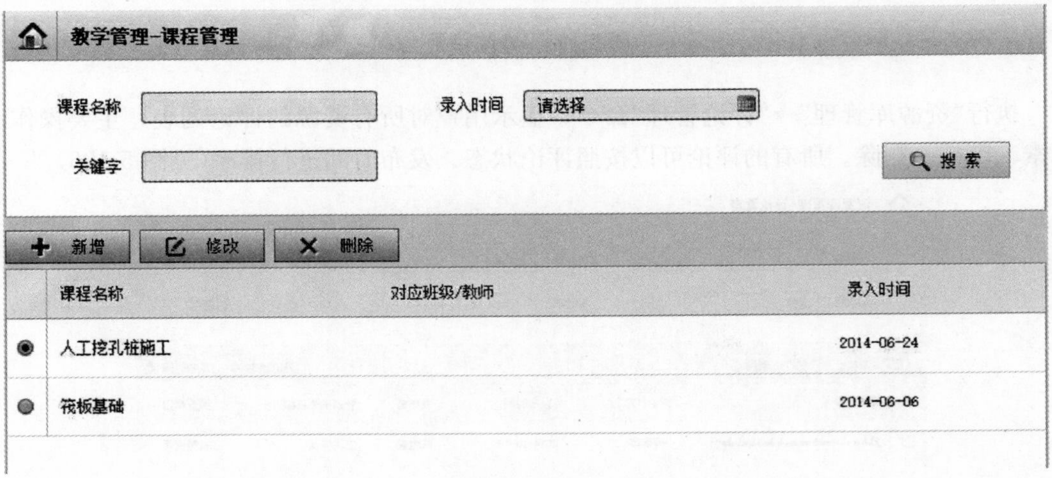

**教学管理-课程管理**

| | | | |
|---|---|---|---|
| 课程名称 | | 录入时间 | 请选择 |
| 关键字 | | | 🔍 搜索 |

＋ 新增　　✎ 修改　　✕ 删除

| 课程名称 | 对应班级/教师 | 录入时间 |
|---|---|---|
| ◉ 人工挖孔桩施工 | | 2014-06-24 |
| ○ 筏板基础 | | 2014-06-06 |

**图 5-198　课程管理**

单击"新增"按钮，进入"新增课程"页面。输入课程名称，选择课程相应的授课教师（见图 5-199）。

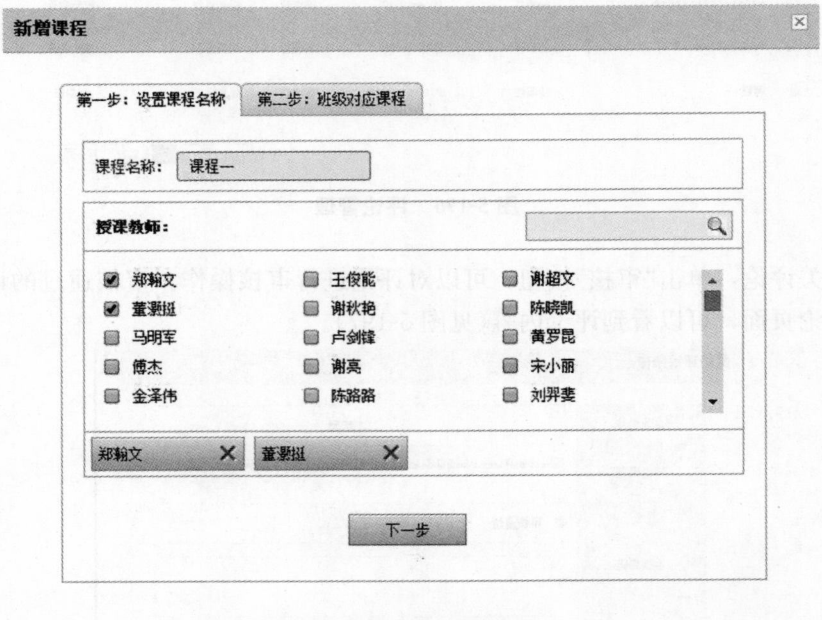

**新增课程** ☒

第一步：设置课程名称　第二步：班级对应课程

课程名称：　课程一

**授课教师：**　　　　　　　　　　🔍

| | | |
|---|---|---|
| ☑ 郑翰文 | ☐ 王俊能 | ☐ 谢超文 |
| ☑ 董翠挺 | ☐ 谢秋艳 | ☐ 陈晓凯 |
| ☐ 马明军 | ☐ 卢剑锋 | ☐ 黄罗昆 |
| ☐ 傅杰 | ☐ 谢亮 | ☐ 宋小丽 |
| ☐ 金泽伟 | ☐ 陈路路 | ☐ 刘羿妻 |

郑翰文 ✕　　董翠挺 ✕

下一步

**图 5-199　新增课程**

单击"下一步"按钮，选择班级和教师，也可以添加多个班级和教师（见图 5-200）。

**图 5-200　添加多个班级和教师**

选中相关的课程名称，可以对课程进行修改/删除操作。

## 5.4.6　系统教学管理平台的识图教学管理

执行"识图教学管理"→"任务说明管理"命令，显示所有识图的任务说明列表（识图的任务说明主要是由数据库默认添加好的，不能从后台进行添加），主要操作为修改（见图 5-201）。

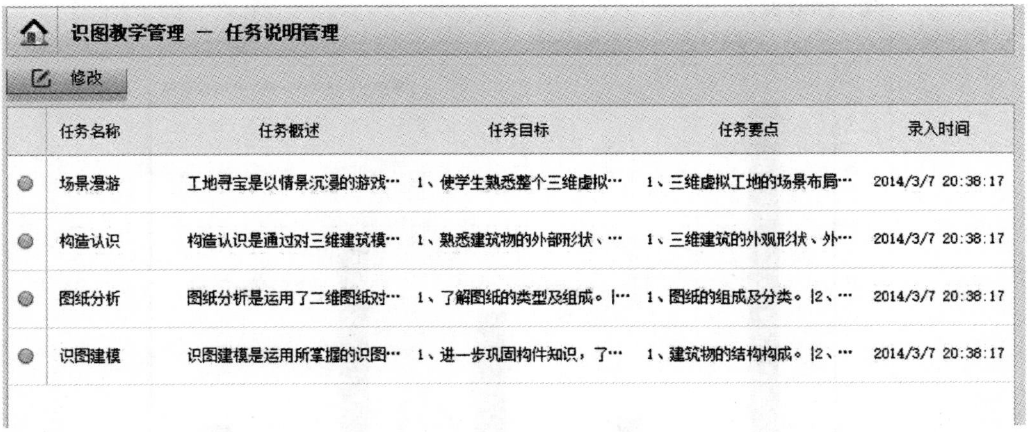

**图 5-201　任务说明管理**

选中相关的任务名称，可以对任务进行修改（见图 5-202）。

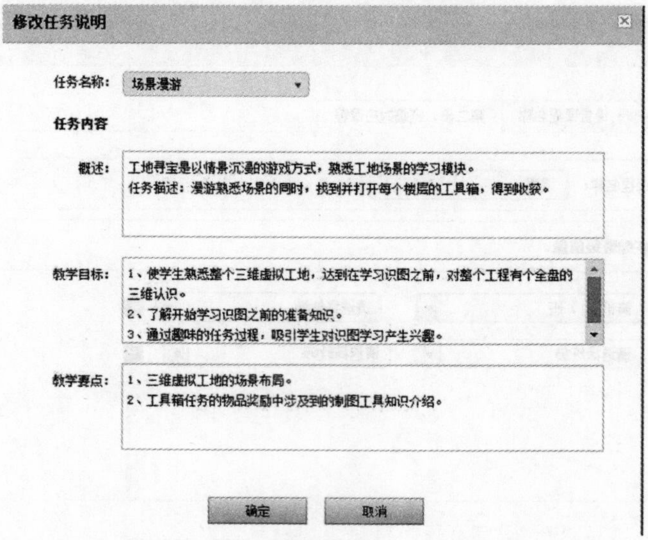

图 5-202　修改任务说明

## 5.4.7　系统教学管理平台的数据统计

执行"资源库管理"→"资源统计"命令，通过图表的方式显示系统中所有资源数量的信息（见图 5-203）。

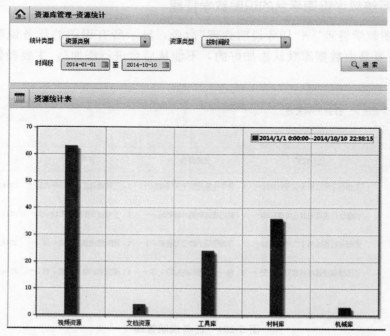

图 5-203　资源统计

执行"数据统计"→"题目统计"命令，通过图表的方式显示系统中所有题目数量的信息（见图 5-204）。

图 5-204　题目统计

执行"考核统计"命令，显示所有考试相关的统计信息（见图 5-205）。

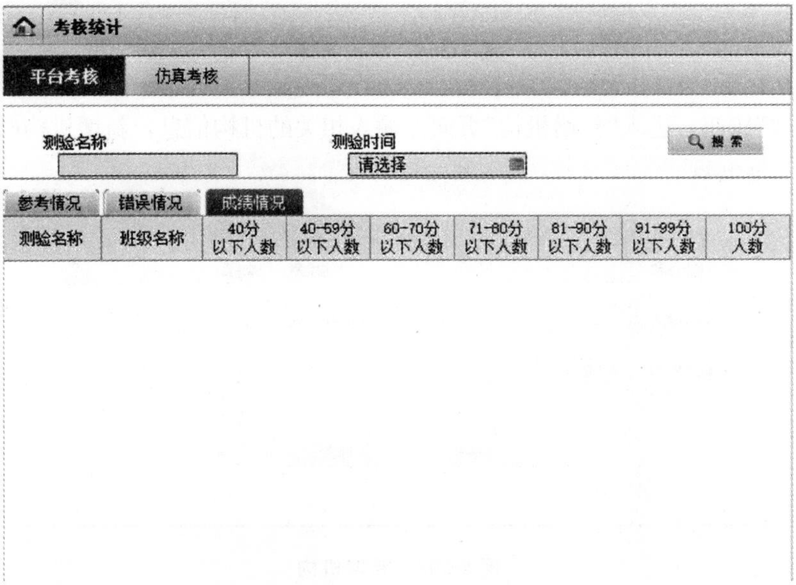

图 5-205　考核统计

### 5.4.8 系统教学管理平台的系统管理

执行"系统管理"→"机构管理"命令，显示所有的机构列表，主要操作有搜索、新增、修改、删除（见图 5-206）。

图 5-206　机构管理

单击"新增"按钮，进入"新增机构"页面。输入相关的机构信息，新增机构（见图 5-207）。

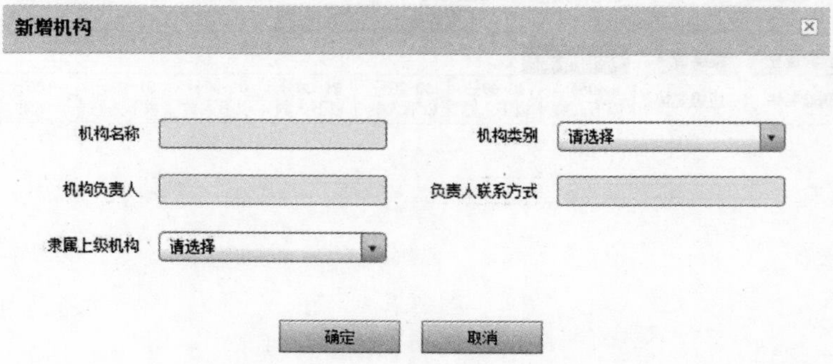

图 5-207　新增机构

选中相关的机构名称，可以对机构名称进行"修改"/"删除"操作（见图 5-208）。

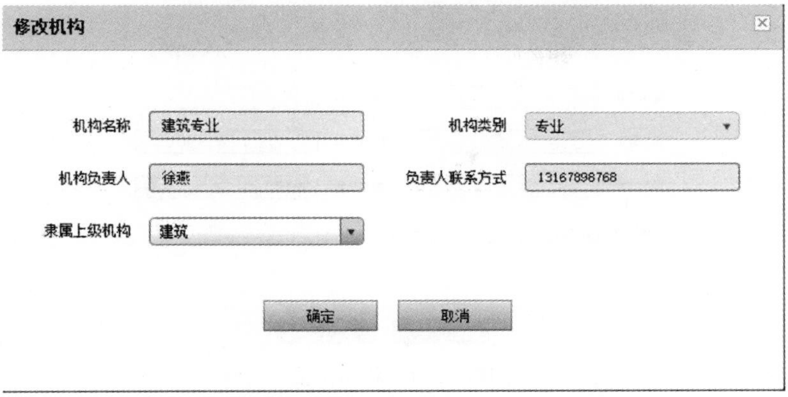

**图 5-208　修改机构**

执行"系统管理"→"人员管理"命令。显示所有的人员信息列表，主要操作有搜索、新增、修改、激活、禁用、删除、密码重置。新注册的人员，显示在待审核人员列表中。通过下载人员模板，可以对人员进行批量导入（见图 5-209）。

**图 5-209　人员管理**

单击"新增"按钮，进入"新增人员"页面（见图 5-210）。

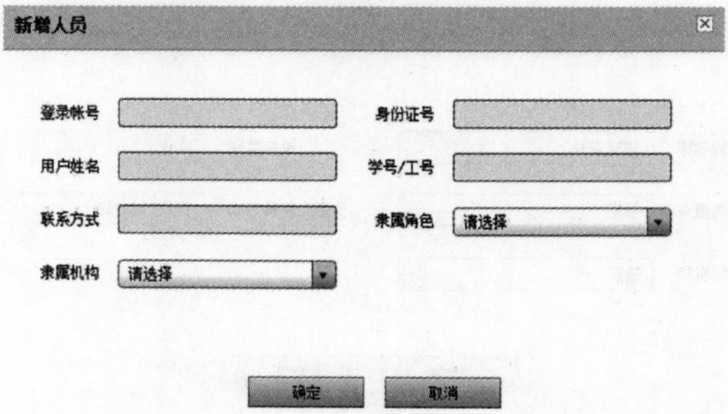

**图 5-210　新增人员**

选中相关的人员，可以对人员进行"修改"/"删除"/"禁用"/"激活"/"密码重置"操作。

单击"待审核人员"按钮，显示所有待审核的人员信息。选中相关人员，单击"注册审核"按钮，人员审核通过（见图 5-211）。

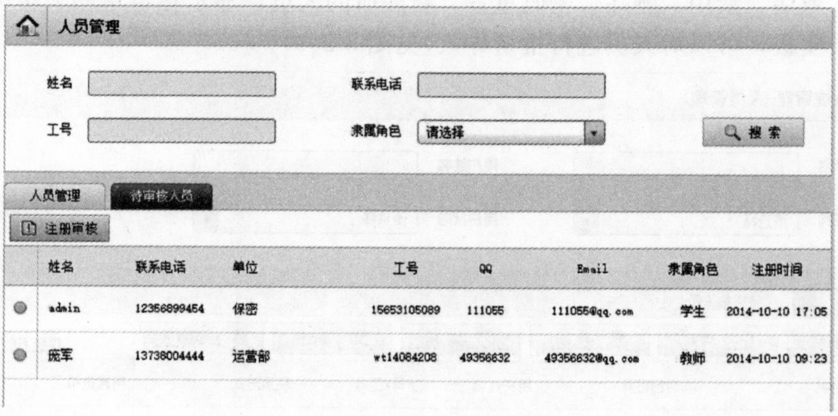

**图 5-211　人员审核**

执行"系统管理"→"角色管理"命令，显示系统中所有的角色列表，主要操作有搜索、新增、修改、删除（见图 5-212）。

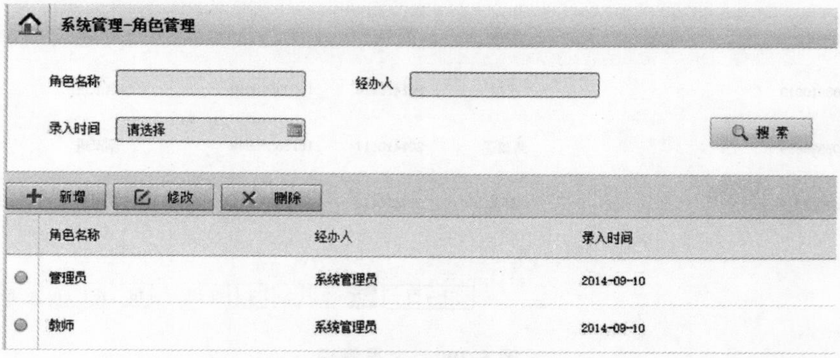

**图 5-212　角色管理**

单击"新增"按钮，进入"新增角色"页面（见图 5-213）。

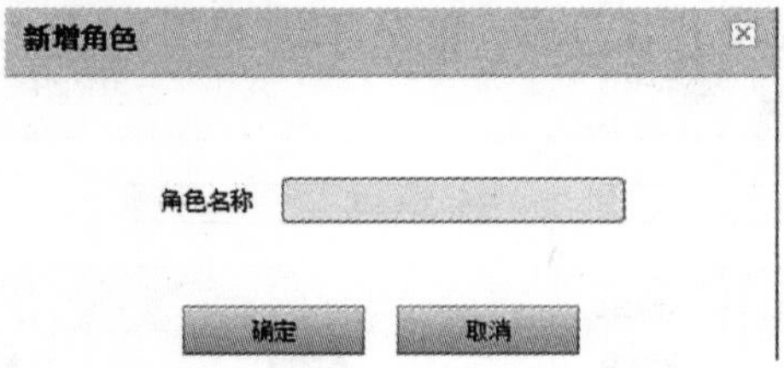

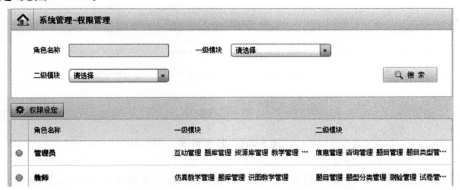

图 5-213　新增角色

选中相关的角色名称，可以对角色名称进行"修改"/"删除"操作。

执行"系统管理"→"权限管理"命令，显示系统中所有的权限列表，主要操作有搜索、权限设定（见图 5-214）。

图 5-214　权限管理

选中相关的角色名称，单击"权限设定"按钮，可以对选中的角色名称进行权限分配（见图 5-215）。

图 5-215　修改权限

执行"系统管理"→"日志管理"命令，显示系统中所有的日志列表，主要操作为搜索。日志分为三大类：登录日志、操作日志、错误日志（见图 5-216）。

**图 5-216　日志管理**

执行"系统管理"→"经验积分管理"命令，显示系统中所有人员的经验积分值，主要操作为搜索（见图 5-217）。

**图 5-217　经验积分管理**

# 第6章 施工图识图虚拟教学系统测试与效果评价

## 6.1 施工图识图虚拟教学系统测试

### 6.1.1 系统测试方案

施工图识图虚拟教学系统主要进行了功能测试，依靠系统与其运行环境之间的界面来选择和产生测试数据，进行了大量的工作，包括确定测试目的和测试对象、编制测试计划、组织测试队伍、选择测试方法、实施测试并进行测试评价等项工作。

在对系统的测试过程中，首先搭建测试环境，然后确定测试用例，再根据测试用例对系统进行测试，通过测试表格记录下测试结论，对测试结论分析和处理，搜集测试结果，最后形成测试结论，实现验证系统功能的正确性以及满足需求。

### 6.1.2 系统测试目的

系统测试的目的主要是检验系统各功能模块能否正确地实现其功能，测试发现系统故障并进行修复，最后通过验收测试来作为项目成功完成的标准。

### 6.1.3 系统测试环境

系统的测试环境在硬件设备、软件环境、网络条件、基础数据模拟真实运行环境，在本次测试使用湖南工程职业技术学院校园局域网和教学楼(学生公寓)电脑。

### 6.1.4 系统测试内容

(1)页面检查。检查文字是否正确，位置是否正确；逐个单击链接，查看链接是否正确。

(2)搜索功能测试。单击"搜索"按钮，显示查询结果列表；单击"高级搜索"按钮，逐一输入文本域条件，进行模糊查询值、完全匹配值、中文值、字母大小值、数字类型值、全角半角值等查询方式进行测试。

(3)运行与关闭测试。运行时是否与其他应用程序有冲突；是否可以同时运行多个程序；任务栏有无程序运行提示；若有未保存的数据，关闭系统时是否有提示；运行时是否过分占用系统资源、退出时能否完成释放占用的系统资源。

（4）服务程序的测试。服务程序能否长时间正常运行；应用程序与其他程序是否兼容。

（5）系统参数测试。参数设置后，能否正确地进行应用；设置错误参数，检查系统的容错能力；修改参数，了解与之相关模块的影响；查看系统是否有默认的参数。

（6）用户、权限管理。赋予用户权限后，验证权限设置是否正确；删除或修改正在进行操作的用户权限，查看程序能否正确处理；重新注册系统变更登录身份后再登录，查看程序是否能正确执行；不同权限用户登录同一个系统，查看权限范围是否正确；登录用户能否修改自己的权限；添加用户、修改用户的信息是否对其他模块有影响等。

（7）系统登录测试。使用合法用户名登录系统；用户名、口令错误或漏填时能否登录；删除或修改后的用户，用原用户名能否登录；不输入用户名和口令是否允许登录等。

（8）工具条测试。工具条能否正常显示/隐藏；工具条按钮在不可用时是否置灰，如在不置灰的情况下，重复单击工具条上的按钮，看系统是否能够正常进行操作；可移动工具条在窗口中间位置其形状是否正确；工具栏上工具按钮功能是否能正常实现；工具按钮显示是否正确；工具栏上的工具按钮是否有鼠标悬停提示等。

（9）下拉列表。列表记录的每一行是否显示完整；列表记录不能在一页中显示时，是否有纵向滚动栏；列表滚动栏上滑块能否自由滑动，对应内容显示是否正确；列表中内容能否自动排序。

### 6.1.5 系统测试结果

（1）性能测试历时 25 天，性能测试共进行了三轮，测试实现了预期的目标，测试过程中共发现影响性能的二级缺陷 8 个，三级缺陷 21 个。缺陷修改完成后，整个系统的采集效率提升了 30%，应用的修改也使得系统具有了更强的稳定性。从测试的结果来说，本次测试取得了比较满意的效果。

（2）功能测试历时 35 天，主要使用黑盒测试边界值分析方法，这种方法设计出测试用例发现程序错误的能力最强。经测试发现如下问题：

①程序运行过程中不断申请但不完全释放资源，造成系统性能越来越低，并出现不规律的死机现象。

②有些与代码中的未初始化变量有关，有些与系统异常情况有关。

③对一般性错误的屏蔽能力较差。

④对输入的数据没有进行充分并且有效的检查，造成不合要求的数据进入数据库。

⑤系统冗余较多，兼容性有待改进。

⑥未提供一些常见的数据接口。

⑦有的页面链接存在问题。

⑧功能按钮有的尚未实现等。

（3）测试期间还进行了 Bug 测试，通过测试名称、测试操作、测试软件和硬件配置环境，发现系统中存在相当多的错误类型。

（4）经过不断地测试调整、改进后：

①通过功能测试的正确性验证，系统的关键功能均可正常工作。

②系统在学院局域网测试环境下能够稳定地运行。

③系统的稳定性指标均合格。

# 6.2　施工图识图虚拟教学系统效果评价

本研究设计的施工图识图虚拟教学系统受到了教师和学生的喜爱，在教学实施过程中取得了良好的效果。本研究从对学生进行问卷调查分析以及学生成绩分析两个方面对施工图识图虚拟教学系统进行评价。

## 6.2.1　对学生实施问卷调查的评价

本研究调查对象为土木工程系工程造价专业大一的 100 名学生，在学生上"建筑构造与识图"课程中使用施工图识图虚拟教学系统后对调查问卷进行集中填写分发，对学生学习进行效果分析，回收率 100%。本问卷采用里克特五点量表，有 5 个选项供学生选择，它们分别是 A 完全同意、B 同意、C 不确定、D 不同意和 E 完全不同意，这 5 个选项的分值分别为 5 分、4 分、3 分、2 分、1 分。问卷填写完后对结果进行百分比、平均数和标准差处理。问卷共有 12 个问题，分别从施工图识图虚拟教学系统引入"建筑构造与识图"课程教学的态度和学生对施工图识图虚拟教学系统的态度两个方面进行调查分析。调查结果如下：

**1. 施工图识图虚拟教学系统引入"建筑构造与识图"课程教学的态度**

在本次调查中，设置了 8 个针对施工图识图虚拟教学系统引入"建筑构造与识图"课程教学的态度的问题，对问题统计数据进行整理，如表 6-1 所示。

表 6-1　施工图识图虚拟教学系统引入"建筑构造与识图"课程教学的态度

| 题目 | 同意比率（%） | | | | | 加权平均数 | 标准差 |
| --- | --- | --- | --- | --- | --- | --- | --- |
| | 5 | 4 | 3 | 2 | 1 | | |
| 1. 在此之前我使用过虚拟仿真教学软件 | 5.9 | 26.1 | 3.4 | 50.1 | 14.5 | 2.64 | 1.26 |
| 2. 虚拟教学系统易操作、交互性好 | 18.9 | 66.9 | 4.1 | 7.8 | 2.3 | 3.98 | 0.89 |
| 3. 用这种方式学习，我学习更有兴趣 | 5.1 | 73.5 | 1.7 | 17.4 | 2.3 | 3.89 | 0.94 |
| 4. 这种学习方式更直观，使我更容易理解抽象知识 | 34.2 | 53.4 | 7.4 | 1.4 | 3.6 | 4.12 | 0.91 |
| 5. 学习过程中我有更多机会与老师交流讨论 | 22.9 | 67.3 | 1.8 | 3.9 | 4.1 | 4.05 | 1.09 |
| 6. 我愿意用虚拟教学系统进行课外自学 | 40.1 | 50.2 | 4.9 | 3.6 | 1.2 | 4.21 | 0.79 |
| 7. 我喜欢老师用虚拟教学系统进行教学 | 63.4 | 25.4 | 2.1 | 4.1 | 5.7 | 4.32 | 1.13 |
| 8. 喜欢学校推广这种教学方式 | 60.2 | 27.9 | 4.3 | 3.7 | 3.9 | 4.10 | 0.97 |
| 平均 | 31.4 | 48.8 | 3.7 | 11.4 | 4.7 | 3.91 | 0.99 |

由表 6-1 可知，就整体而言，学生对施工图识图虚拟教学系统应用于"建筑构造与识图"课程教学的态度差异显著，其中表示非常同意和同意的学生达 31.4% 和 48.8%，不同意和完全不同意的学生达 11.4% 和 4.7%。该问卷调查显示，加权平均分数为 3.91，表明

学生对施工图识图虚拟教学系统应用于识图类课程教学的态度持欢迎和支持的态度，认同施工图识图虚拟教学系统在识图类课程辅助教学中的积极性。针对施工图识图虚拟教学系统引入"建筑构造与识图"课程教学的态度，问卷调查选取了 8 个问卷题目。其中，第 6 题和第 7 题的加权平均数较高，平均分值为 4.21 和 4.32，这表明学生对教师在教学中加入施工图识图虚拟教学系统的教学方式持欢迎和支持的态度，学生愿意在课外时间使用施工图识图虚拟教学系统自学。而第 1 题关于"在此之前我使用过虚拟仿真教学软件"的学生态度测验的加权平均数最低，这表明学生对虚拟仿真教学软件涉及较少，缺乏科学系统的认识。由此可知，虽然学生对施工图识图虚拟教学系统的认识程度较低，但他们却非常喜欢这种教学与学习方式，对施工图识图虚拟教学系统的期待和热情非常高，使得他们对识图类课程学习充满了兴趣，并且支持和接受教师在课堂中采取该方式教学。

**2. 学生对施工图识图虚拟教学系统的态度**

本部分问卷设置 4 个题目用于检验施工图识图虚拟教学系统的设计是否成功，以及学生学习态度受施工图识图虚拟教学系统产生了哪些变化，对数据进行处理后，如表 6-2 所示。

表 6-2　学生对施工图识图虚拟教学系统的态度

| 题目 | 同意比率（%） | | | | | 加权平均数 | 标准差 |
|---|---|---|---|---|---|---|---|
| | 5 | 4 | 3 | 2 | 1 | | |
| 9. 我喜欢该虚拟仿真教学软件 | 69.1 | 23.2 | 7.7 | 0 | 0 | 4.61 | 0.66 |
| 10. 使用中遇到不懂的知识点，我会马上通过不同的方式查找学习相关知识点 | 19.3 | 74.9 | 0 | 5.8 | 0 | 4.09 | 0.65 |
| 11. 我有信心能完成所有任务关卡 | 92.5 | 5.7 | 1.8 | 0 | 0 | 5.0 | 0.48 |
| 12. 这种方式使我更想学习识图知识 | 72.1 | 25.8 | 2.1 | 0 | 0 | 4.68 | 0.53 |
| 平均 | 63.3 | 32.4 | 2.9 | 1.5 | 0 | 4.60 | 0.58 |

本问卷部分涉及学生对施工图识图虚拟教学系统的态度的测验，如表 6-2 显示，学生对该施工图识图虚拟教学系统的态度大的平均数为 4.6 分，约 63.3％的学生表示非常同意，32.4％的学生表示同意，仅有 1.5％的学生持不同意观点，这说明本研究中所涉及的施工图识图虚拟教学系统在学生中呈现正面积极的评价。在选取的 4 个问题中，平均数均高于 4 分，特别是第 11 题关于"我有信心能完成所有任务关卡"获得最高的平均数，分值为 5.0，这说明本研究所设计的施工图识图虚拟教学系统结构合理，难易程度适中，易于掌握。而第 10 题关于"使用中遇到不懂的知识点，我会马上通过不同的方式查找学习相关知识点"获得的平均数虽然相对较低，但仍能有助于提高学生对发现问题、思考问题、解决问题的自主学习能力，激发学生学习识图类课程的兴趣。

## 6.2.2　对学生学习效果分析

对于"学生学习效果分析"研究，调查对象为工程造价专业大一（1）班的实验班，人数为 52 名学生，以及与其成绩相当工程造价专业大一（2）班的对照班，人数为 53 人。设计两次模拟考试，前后两次考试内容和范围一致，难易程度相近。在实验前，学生自主预习后进行测试，由表 6-3 可知，实验前两个班级学生成绩水平一致。两个班级进行同一课时的教学，对照班采取传统教学方式，实验班采取将施工图识图虚拟教学系统与传统教学相结合的方式。

由表 6-3 可知，实验前对照班与实验班学生成绩相对一致，实验班通过施工图识图虚拟教学系统加入传统教学中，学生成绩提高和效率明显高于对照班。相对于实验前测试，实验班成绩及格率由 92.3％提高到 100％，优秀率（80 分以上）由 26.9％提高到 53.8％，提高了 26.9％；而对照班优秀率由 24.5％提高到 39.6％，仅提高了 15.1％。通过该案例实验可见，把施工图识图虚拟教学系统引入课堂的教学方式确实可以激发学生的学习兴趣，使得学生可以真正投入到识图类课程学习中，达到自主学习、高效学习、享受学习的目的，从而使学生的识图类课程成绩有所提高，特别是有利于提高"识图困难生"学习兴趣，这将为他们以后专业课的学习奠定良好的基础。

表 6-3　施工图识图虚拟教学系统对学生成绩的影响

| 考试测试 | 班级 | 统计内容 | 高于 90 分 | 80～90 分 | 70～80 分 | 60～70 分 | 低于 60 分 |
|---|---|---|---|---|---|---|---|
| 实验测试前 | 实验班 | 人数 | 3 | 11 | 13 | 21 | 4 |
| | | 百分比 | 5.8 | 21.2 | 25.0 | 40.4 | 7.7 |
| | 对照班 | 人数 | 3 | 10 | 15 | 21 | 4 |
| | | 百分比 | 5.7 | 18.9 | 28.3 | 39.6 | 7.5 |
| 实验测试后 | 实验班 | 人数 | 12 | 16 | 18 | 6 | 0 |
| | | 百分比 | 23.1 | 30.8 | 34.6 | 11.5 | 0 |
| | 对照班 | 人数 | 9 | 12 | 22 | 8 | 2 |
| | | 百分比 | 17.0 | 22.6 | 41.5 | 15.1 | 3.8 |

# 第 7 章  结论与展望

## 7.1  结论

通过虚拟现实技术、教育技术学等多方面理论和方法研究，设计者构建施工图识图虚拟教学系统设计的流程与策略，利用主流三维游戏引擎 Unity 3D 开发技术，设计了虚拟教学系统的模块，在湖南工程职业技术学院工程造价、道路桥梁工程技术专业大一学生中实施具体方案，通过对系统使用情况的跟踪观察了解，施工图识图虚拟教学系统能够生动形象地展示建筑形成的过程，全方位地观察建筑内部空间结构与周边环境，直观认识工程构造结构，而且通过自主构建工程主体结构的练习使得施工图识图的概念得到不断地强化和巩固，并最终掌握相关知识。因此，施工图识图虚拟教学系统有着广阔的应用前景，具有较高的实用价值和现实意义。

（1）系统的创新，方便学生不受时间和空间的限制进行课程学习。将典型实际的房建、道路工程与三维虚拟技术相结合，设计施工图识图虚拟教学系统，学生可在任何时间、任何地点访问该系统，以第一人称视角体验全三维工程仿真环境，实现人物自主操作，自由行走，场景显示方式为 3D 引擎实时渲染。随着学生对工程实体模型自主构建的操作，该系统可反复实现工程实体模型实时仿真。该系统的运用将改变传统的工程识图教学模式，真正实现工程识图教学的交互操作。

（2）教学手段的创新，解决了学生由于缺乏现场感观、实践操作而学习效率低的教学难点，一定程度上摆脱了安全、材料消耗、没有见习场地、实践经费等方面的制约。学生可以在计算机平台上利用系统辅助见习，教师针对教学内容进行演示操作等相关的教学活动，充实了教师工程识图类课程的安排和形象化的展示讲解，克服施工现场观摩在时间和空间的限制，按照教学需求或施工图纸进行反复演示或操作，让学生观看内部构造结构，正好弥补了现实施工中不可"复制、再生、切割"的这一缺陷。

（3）教学方式的创新，促使理论教学更有效率、向更加科学化的方向发展，为突破传统的工程识图类课程教学颈瓶，提供了良好的条件。通过施工图识图虚拟教学系统，细部展现建筑的每一材料、每一细节，学生以第一人称视角游走在虚拟的施工三维图中，改变以往要靠空间想象力的读图学习过程，同时通过游戏、过关斩将式的试题设计增强读图过程的趣味性，并且实现核心知识点的反复强调，促进识图教学方式的改进和教学效果的提升。

## 7.2　展望与建议

没有开发不出来的虚拟场景，只有想不到的创意空间。虚拟现实技术创造的世界是神奇的，只是鉴于笔者各方面的能力有限，对许多问题的研究不够深入、透彻，系统还存在诸多方面的不足。

(1)场景的模拟可以进一步细化，把局部结构细节演示的内容增加更多，根据专业图集、规范和教材的知识点对虚拟建筑内容进行完善。

(2)可开发成分布式虚拟系统，这样教师和学生分别于不同的地点通过虚拟的教学系统进行互动，有利于多人协作完成土木建筑的搭建工作。利用互联网，应用在远程教育和施工岗前培训中，开发成公共的资源供学生下载学习。

# 参考文献

[1] 李晨, 钟绍春. 将桌面式虚拟现实系统应用于虚拟学习社区客户终端的建模研究[J]. 沈阳大学学报(自然科学版), 2010, 22(3): 18—20.

[2] 何克抗, 李文光. 教育技术学[M]. 2版. 北京: 北京师范大学出版社, 2009.

[3] R Chanda, M E Haque. A Virtual Tour of a Steel Structural Construction[C]. Proceedings of the 2005 ASEE Gulf—Southwest Annual Conference, 2005: 2406.

[4] 李颖, 董彦. 现代教育技术[M]. 合肥: 中国科学技术大学出版社, 2010.

[5] Walter Dick, Lou Carey, James O Carey. The Systematic Design of Instruction(Fifth Edition)[M]. 汪琼, 译. 北京: 高等教育出版社, 2004.

[6] 洪炳镕, 蔡则苏, 唐好选. 虚拟现实及其应用[M]. 北京: 国防工业出版社, 2005.

[7] 阳化冰, 刘忠丽, 刘忠轩, 等. 虚拟现实构造语言 VPML[M]. 北京: 北京航空航天大学出版社, 2000.

[8] 李冉. 虚拟现实技术在工程建模和仿真中的应用[D]. 南京: 河海大学, 2005.

[9] 汤磊. 基于 Virtools 的三维场景实时漫游系统的研究与开发[D]. 大庆: 大庆石油学院, 2007.

[10] 王坚, 孙宇浩. 身临奇境——虚拟现实科学与技术[M]. 杭州: 浙江科学技术出版社, 2000.